品成

阅读经典 品味成长

心灵元气社

心理专家说团队◎著

人民邮电出版社
北京

图书在版编目（CIP）数据

心灵元气社 / 心理专家说团队著. -- 北京 : 人民邮电出版社, 2023.10
ISBN 978-7-115-62496-3

Ⅰ. ①心… Ⅱ. ①心… Ⅲ. ①心理学—通俗读物
Ⅳ. ①B84-49

中国国家版本馆CIP数据核字(2023)第153889号

◆ 著　　　心理专家说团队
责任编辑　马晓娜
责任印制　陈　犇
◆ 人民邮电出版社出版发行　　北京市丰台区成寿寺路 11 号
邮编 100164　电子邮件 315@ptpress.com.cn
网址 https://www.ptpress.com.cn
天津市豪迈印务有限公司印刷
◆ 开本：880×1230　1/32
印张：9.25　　2023 年 10月第 1 版
字数：100 千字　　2023 年 10月天津第 1 次印刷

定价：69.80 元

读者服务热线：（010）81055671　印装质量热线：（010）81055316
反盗版热线：（010）81055315
广告经营许可证：京东市监广登字 20170147 号

人生很苦，我有解药。

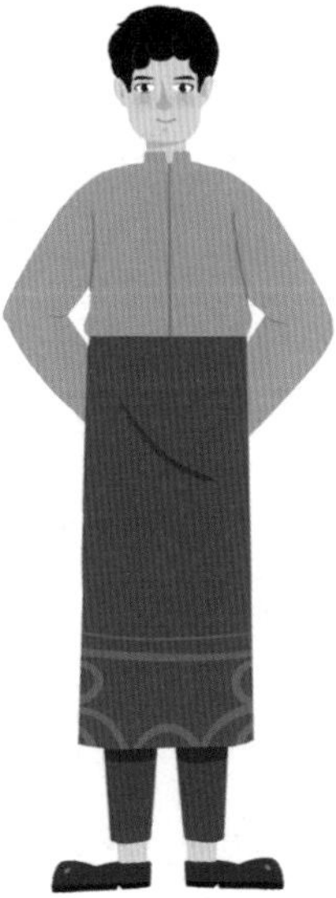

大叔

目前是一位餐厅主理人，外表年轻帅气，实际年龄成谜，菜做得怎么样不知道，但熬得一手好“鸡汤”，随时可以为有需要的你奉上。

心灵元气社

大叔主理的餐厅，从下午开到深夜，招牌是牛肉面，但更多人是冲大叔而来。也许，饭在哪里都能吃，但内心的烦恼，只有在温暖的地方才能释放。

前言

生活可以很美味

经过一年多的准备，心灵元气社系列条漫终于要以图书的形式跟大家见面了，说实话，这个进度比我们想象中的要快。

一年多前，我们团队决定开这个条漫系列，在一定程度上算形势所迫，而非主动创新。公众号流量下降，抖音、小红书后来居上，图片、短视频这些新的自媒体形式，因其更强烈的情绪感染力和更丰富的信息传递渠道，逐步挤占传统的文字形式信息的生存空间。再像原来一样写科普文章，我们的公众号可能无法生存！这是当时我们团队的一个共识，因此决定尝试其他形式。而公众号下滑阅读的形式，天然适合长条漫画，其他领域的一些条漫科普账号也做得挺好，我们便想，也许我们也可以试试。

于是有了这个系列。

不打烊的餐厅

在条漫里，每个故事都发生在一家叫作“心灵元气社”的餐厅。只是，从头到尾，我们都不知道它的具体位置在哪，营业时间是什么时候，菜单上又有哪些招牌菜，因为支撑起它人气的，从来就不单纯是一碗面或一道菜，而是这家餐厅的主理人——大叔。

在最初的设定里，我们希望大叔是一位心理咨询师，这样，他才能接住大家低到极点的情绪，才能有条不紊地引导大家发现问题所在。以心理咨询师的口吻来做心理科普，没有更适合的身份了吧？但我们很快发现，心理咨询师的人物设定很好，只是离大家的日常生活太远了。

那段时间，我也刚好处于从北京搬家到深圳后的适应期，从一个朋友众多、回家方便的地方搬到一个举目无亲的新城市，焦虑、孤单、反反复复的过敏，一度让我非常难受，觉察到自己的问题后，我约了一位心理咨询师。无可否认，在每周预定的那一个小时里，在咨询师面前，我的情绪得到了很大的疏解，但让我真正融入这座新城市的，是情绪不好时朋友们的及时陪伴，哪怕是线上；是周末无聊时探店的惊喜，哪怕是跟新朋友。

心理咨询高昂的价格把许多人拒之门外，心理咨询的预约制度保证了咨询质量，但也错过了来访者的日常干预。

而当情绪低落、面临困境时，一般中国人是怎么做的呢？唤上三两好友，吃火锅、烧烤、麻辣烫；抑或一壶清酒一盘小菜，对月独酌，暗自神伤。对于中国人来说，吃饭是一种特殊的互动形式，既充满仪式感，又极具包容性，边吃边聊，人间百味入脏腑，喜怒哀乐顺口出。

所以，与其把大叔关在咨询室里，不如放在餐厅里、饭桌旁，读者熟悉，故事里的主人公也放松。大叔的餐厅不打烊，每个路过的有烦恼的人都可以进来坐坐，随便点点儿东西，边吃边聊。

做真实的关照

在创作过程中，我一度非常担心，与之前我们写的专业科普文章相比，现在的内容会不会太像“鸡汤”？毕竟，这其中既没有专业的概念，也很少提供实践指导。

每篇故事都是普通人的故事，一些日常的烦恼，比如失业后的低谷期，比如原生家庭的困扰，它们大多没有严重到能达到精神障碍诊断标准，需要马上进行规范治疗的程度，对我们日常生活的影响也是有限的。

大多数时候，它们只是突然冒头又突然消失，就像一道菜里的油盐酱醋，它们确实存在，但只是掠过舌尖的感受器，很快便无法捕捉。但不可否认的是，很多人都曾经或正在为其烦恼。这时候，药片的效果太强劲，朋友的宽慰太无力，只有真实的关照才足以抚慰心灵。

条漫里所有的故事都来自现实生活，所以读者在阅读的时候，经常会觉得，故事里的每个主人公都似曾相识，比如好几篇故事的主角都经历失业，只是他们面临的处境和具体问题有所不同，这不是我们在人设设定上偷懒，而是这两年身边失业的人真的不少，我们希望关照到这些现实的困难。

从网络到出版

非常幸运，大叔的餐厅“开业”不到半年，就在网上积累了不少粉丝，条漫的内容和专业度得到了人民邮电出版社马晓娜老师的认可。

在一年多的时间里，我们积攒下 40 多个故事，每一篇都创作得很慢，但很真实。在马老师的帮助下，现从中挑选质量最好、选题最贴近生活的 22 篇，集结成册出版。

作为读者，当你打开每一篇故事，就仿佛跟随故事中主角们的脚步，推开心灵元气社餐厅的大门，体会一遭成长的酸、生活的甜、自卑的苦、情绪的辣、关系的咸。

在这里，在大叔面前，你可以放松地边吃边聊，让不曾被承认的情绪被看见，让不曾说出口的需要得到满足，让这些酸、甜、苦、辣、咸在舌尖充分翻滚，然后汇成美味的体验。

目录

第一部分

成长的酸

第二部分

生活的甜

第三部分

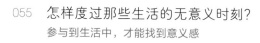

自卑的苦

第四部分

情绪的辣

第五部分

关系咸淡得宜

第一部分

成长的酸

人生百味，从成长的酸涩开始。

对不起妈妈，我还是无法原谅你

和原生家庭和解，其实不需要原谅

主题介绍

原生家庭是社会学概念，指还未成婚的儿女与父母住在一起所组成的家庭。

同在一个屋檐下，难免有摩擦——我们对原生家庭有着太多的期待和失望。孩子渴求父母的理解，父母追求子女的感谢。父母的一句“为你好”仿佛超越了所有真理，孩子的一句“少管我”却好像违背了父母和孝道。

但争吵归争吵，日子终究还是要一天天过下去，关于原生家庭的平衡仍需我们探索。

人物介绍

瑶瑶

一位从小就梦想做记者的女孩子，说出来你可能不信，她最喜欢看的电视节目是《新闻联播》，尤其是记者连线部分，最爱的书是《新闻业的救赎》。她一直期待能为受害者发声，能为社会的和谐助力。可惜事与愿违，她大学时在不喜欢的专业里煎熬了整整四年。现在她想重新找回曾经的梦想。

故事背景

瑶瑶大学刚毕业，和千千万万毕业生一样，正面临找工作这一大难关。她被迫在师范学校读了四年，但瑶瑶还是放不下自己做记者的理想，也放不下对偷改她高考志愿的妈妈的怨恨。一次次面试记者岗位，一次次被拒绝，瑶瑶内心的煎熬和纠结也达到了顶峰。

当初给你选的专业多好，刚好毕业出来做老师。
你咋就那么犟呢？
和你说了多少遍，我要当记者。
1
行行行，当吧，你看有报社要你吗？
2
3
怎么了？这个小菜送你的，别伤心了。
你说普通人的试错成本怎么就这么高呢？
我恨！
4
恨什么？可以说来听听吗？

我从小就特别喜欢跟着奶奶读报纸，她看一段我就读一段。
奶奶，我以后也要当写报纸的人。
孩子，那叫记者，瑶瑶以后想当记者吗？
后来我开始渐渐了解这个职业，那些多彩的经历令我向往。
那就做记者，我下定了决心。

高考
高考后，我如愿地报考了新闻学，本以为我能顺利录取，直到那天……
高考录取状态通知
录取状态：录取
院校：xx师范大学
专业：英语教育
妈，这是怎么回事？
我和你爸商量了一下，还是觉得师范专业适合你。
你们怎么能乱改我的志愿呢？都不告诉我！我恨你们！
从那以后，我和他们的交流越来越少。
¥2000.00
已被退款
微信转账
¥2000.00
已退款
微信转账
不用，我自己有！

那现在关系有好转吗？
可能有吧，毕竟一直这样也不是个事。
1
但心里一直有个声音提醒我，不要忘了那些痛苦。
不好意思，我们只招相关专业的学生。
报社面试
2
3
更可怕的是，这些怨恨并不牢固。
4
我开始怀疑这些怨恨是否真的该存在，是不是我太小心眼了。
敏敏
祝最好的妈妈妇女节快乐！
1分钟前

微博热搜
被父母篡改志愿要不要原谅？
转发3.8万
评论7.1万
赞38.4万
网友 1
父母生你养你这么多年了
共238条回复 >
23-2-23 22:24
2300
网友 2
怎么能不原谅呢
共126条回复 >
23-2-23 16:13
1260
网友 3
不原谅又能怎么样，日子还得过
共86条回复 >
23-2-23 16:26
网友 4
我会原谅
共86条回复 >
23-2-23 18:24
我拧巴极了，既渴望和解，又做不到原谅。
和解
vs
绝不原谅
后悔
小气
自责
愧疚
纠结
面对这种事情，有负面情绪是很正常的，来，先喝杯水缓缓。
怎么办？我不想再这样煎熬下去了。
你刚才提到想和父母和解，但无法原谅他们。
对。

我想，这里你弄混了一个问题，
和解是你和父母之间的事，而
原谅与否是你自己的事。
什么意思？
和解并不需要完全原谅，而
是“允许”。
允许一些事情的发生，
即使它们没那么完美。

允许情绪的产生，即使它们不是积极的。
先把自己从对抗的情绪中解放出来，再回归最原始的事件。
试着问自己：对于过往，哪些是我能改变的，哪些是改变不了的？
我无法改变被父母改志愿这件事。但我现在才刚毕业，做记者的事或许还有转机。
很好，你已经觉察到了关键点。
接下来，请带着这种信念走下去吧。

不原谅也没关系，不是所有的伤害都应该被原谅。
重要的是你能意识到，原谅与否并不会影响你和父母的正常相处。
吃饭啦，做了你爱吃的排骨。
来啦!
和解不一定是原谅，而是接纳自己的开始。

“如何与原生家庭和解？”

“和原生家庭和解是一生的功课。”

“与原生家庭和解后到底有多爽？”

我们看过太多教我们如何与原生家庭和解的文章，但它们往往忽略了一个问题：和解并不等于原谅父母。

所谓和解，是面对那些不堪的过往，我们能拥抱那个受伤的自己，脱离父母的影响，重新“养育”自己。而这一系列的活动并不需要“原谅父母”的参与。

可以试试以下方法：

1. 认识现状

觉察原生家庭给你带来了哪些影响，并记录下来3条，思考父母的哪些做法伤害了你，给你带来了不好的影响。

2. 设定界限

根据记录下来的内容，设定与父母之间的界限感，如果父母的控制欲很强，界限就可以叫作“别管我”，对于不希望父母干涉过多的事情，要从行为到心理上坚决地拒绝父母的介入，而在其他事情上可适当放宽。

3. 调整心态

减少愧疚和纠结：“我的做法是合理的，这样做是为了更好地享受属于自己的生活，我是独立的个体。”

或许你无须原谅，重要的是你能放过那个受伤的自己，找到通往自由的路。

心理专家这样说

治愈童年，无须一生

如何治愈童年创伤？

主题介绍

不幸的童年带给我们的伤害到底有多大？

缺乏安全感是因为儿时父母陪伴不够，情感困扰是因为家庭沟通缺失，学业不顺是因为家长经济实力欠缺……好像所有的烦恼与苦难都能和童年扯上关系。

不幸的童年就真的是万恶之源吗？没有幸福童年的孩子还能过好一生吗？

关于这些问题，大叔认为，没有人比阿峰的感受更深刻了。

人物介绍

阿峰

原生家庭中可能发生的所有负面事件，他几乎都经历过。小时候父母常常争吵，父亲甚至对母亲拳脚相向。阿峰妈妈对他说得最多的一句话就是:“要不是因为你，妈妈早就离婚了，你要争气，不要辜负妈妈吃的苦。”阿峰在无数个吵吵嚷嚷的夜里偷偷哭泣，也在无数次哭泣中暗暗发誓，绝不做像父亲那样的人。

故事背景

而立之年的阿峰和女友已经历了 5 年的爱情长跑，在亲朋好友的催促下，阿峰终于决定要结婚，可在离结婚只剩临门一脚的时候，阿峰动了退婚的念头，甚至为了逃避结婚，和女友“失联”。阿峰距离理想中的“好丈夫”形象也越来越远。

还有三天就结婚，
你跟我说分手？！
对不起。
你是不是爱上别人了？
没有。
别着急，喝口水
坐下慢慢聊。
发生了什么？
他也不知道是怎么回事，开
始准备婚礼以后，非常不配
合，今天还跟我提取消婚礼。
你说，他到底怎么了？
没有说要取消，
只是希望推迟
几个月。

我们先听听，为什么阿峰想要推迟婚礼。
请柬都发出去了，推迟和取消有什么区别？
我知道这很离谱，但现在我脑子很乱，我不想甚至有点害怕结婚了。
我们都准备婚礼半年多了，这么长时间你还没想清楚吗？
这不一样。
一直以来，我都非常渴望拥有自己的家庭。

我会一直对你好的。
夫妻恩爱，父子亲密。
但是，当真正开始准备婚礼，
我却发现，我根本做不到。
你觉得哪套好看？
第二套吧。
你根本就没认真看！
我跟双双的相处模式，也越来越像我父母。
这让我不禁开始怀疑——
我真的适合结婚吗？
我能成为一个好丈夫、好爸爸吗？
结婚以后我们能幸福吗？

眼看婚期逐渐逼近，我甚至开始做噩梦。
这个样子，我怎么结婚？
所以，你是因为突然出现的“恐婚”症状想要推迟婚礼的？
如果这些对自己和婚姻的怀疑算恐婚的话，是的。
你前面提到，你觉得你俩的相处方式越来越像你父母。
那在你的印象中，你父母的相处方式是怎样的呢？
无休止的争吵，还有哭闹。

一言不合就拳脚相向。
直到我上了大学，他们俩才终于分开。
所以，从小我就特别想长大，这样我才能离开那个家。
我还暗暗发誓，一定不能像他们一样！
我会成为一个好丈夫、好爸爸，过上幸福的家庭生活！

①
所以，当我发现我竟然跟他们越来越像，你们能明白我那种恐惧吗？
对不起，当时我只是随口一说，没想到会让你有这么大的压力。
童年创伤确实影响深远。
②
小时候父母的争吵给你留下阴影。
长大以后，当自己再次经历亲密关系中的争吵……

就仿佛扣下手枪的扳机，曾经痛苦的回忆和情绪如同一枚子弹，再次击中长大以后的我们。
我更怕的是，结婚以后，我和双双会重复我父母的婚姻悲剧。
我不想这样……
就是这个原因使你不配合婚礼准备？
那你有没有想过，不要变成父母那样的人，这既是你对自己的要求，也是潜意识里对自己的提醒。
你最讨厌你父母哪一点？
一言不合就吵架甚至动手。

那他们一般什么时候会这样？
他们会说着说着，突然情绪失控。
那你情绪失控的时候会怎样？
我会像我父母一样，不管不顾地吵起来。
实际上我们都知道，当处于亲密关系中的两人出现冲突……
像这次一样先暂停，再互相说明内心的真实感受并互相体谅，才是更好的做法。

但是我当时下意识就那么做了。
因为长年累月目睹父母的争吵……
这种互动方式已经成为一种“毒性应激”，在你的大脑里根深蒂固。
难怪大家都说，不幸的童年要用一生来治愈。
童年只是我们漫长人生的一段。

童年
察觉到这个症结。
青年
然后试着多以成年后的自己，而非幼时的自己去面对它。
成年
你们会发现，和解和治愈也没有那么难。

一个不幸的童年，将给我们带来什么，暴力、伤痛、阴影、自卑？

这些伤痛隐匿在生命的缝隙中，它们看似消失了，但又总在未来某一时刻将我们拉回过去的黑暗中。

当面临难以承受的苦难时，我们为了避免产生过多的负面情绪，我们的心理防御机制会有意识或无意识地采取一些方式来避免伤害和干扰，例如，本期漫画的主角阿峰便是在预感将要再次面临童年一般的困境时，下意识地模仿了父母的做法，并选择退回到了童年时无力无助的的躯壳中。

三十几岁的年纪却只能采取十几岁的处理方式——“退行”防御机制的弊端在阿峰的身上体现得淋漓尽致。在大叔为阿峰解惑前，阿峰对于自己的行为是完全没有意识的，可当理清思路后，改变的能量便有了来源。

我们可以先试着觉察自己可能面临的困境有哪些，并预先站在事件之外构想合理的应对方法和预期效果，在那些困境真的来临之际，面对它的将是一个有足够能力解决它的成年人。

在漫长的人生中，童年只是你走过的一段路，我们承认路途艰辛，但现在的你已然成为了披荆斩棘的战士。

心理专家这样说

我们都是过来人，不会害你的

父母的控制欲从何而来？

主题介绍

在各种关系中，我们有时会无意识地将对方“占为己有”，认为对方应该听自己的，并冠以“我这都是为他/她好……”的美名。

这些企图在一定程度上支配、占有他人思想或行为的表现，被称为“控制欲”。我们常在恋爱关系中听说控制欲过强的危害，然而在亲子关系中，在传统孝文化的支持下，父母过强的控制欲更难以被发现，更别提反抗了。

人物介绍

李婷婷

22岁，大学生，二十几年来在父母面前都是“乖乖女”，但她一直渴望能拥有无人打扰的房间、属于自己的生活，可以随心所欲地支配自己的时间和行动。上了大学以后，她的机会终于来了。

李国伟

婷婷的爸爸，曾因为年少时沉迷玩乐，错过了不少晋升发展的机会，到而立之年才醒悟。有了自己的孩子以后，便下定决心要好好教育，防止孩子走上自己的老路。

故事背景

好不容易放暑假，婷婷连忙约上许久未见的朋友出来吃饭，本想着已经和一向严格的爸爸提前报备就万事大吉了，没想到爸爸却临时变卦，说什么也要让婷婷马上回家。

“我明明都成年了，为什么还要管我！”婷婷越想越气，于是在大叔店里和爸爸吵了起来。

都几点了，你还不回家？
你知不知道我找你有多辛苦？
爸，我不是说了马上就回吗，你还来干什么？
我怎么不能来？你在做什么见不得人的事吗？！
哎呀说什么呢，婷婷一直在我这吃饭呢！
哪有小姑娘这么晚还在外面玩？

也就你这么不听话!
爸，我都22岁了。
来，先顺顺气，有什么话好好说。
婷婷本来是个很乖的孩子，真没想到会变成现在这个样子。
小学时
离这些坏学生远点，多和成绩好的同学交流，知道吗?
好……

①
我和她妈妈什么都为她着想，无论大事小事，生怕她走错路。
吃点胡萝卜。
我不要，胡萝卜好难吃。
胡萝卜最有营养了，要多吃，你才能长身体。
好吧……
②
高考填志愿时
我看学个语言挺好的，要不就报这个语言大学。
你懂什么？要先选地区和学校，其次是专业……
可是自从她上了大学，心就越来越野了，甚至还学会了顶嘴。
乖女儿
你这是什么头像？像什么样子？
不合适，快换掉
头像是一个人的脸面
女孩子的头像要能展现温柔大方的气质
管太多的家长，到底在怕什么？
XXX
控制欲太强的父母，是家庭的最大灾难
XXX

唉……还有好几次我晚上给她打电话都不接。
和我说在上课，谁知道真的假的！
1
2
爸爸 下午21:55
爸爸 下午21:50
爸爸 下午21:48
爸爸 下午21:40
爸爸 下午21:37
3
我都成年了，别管我了行吗？
我这都是为你好！
4
好了好了，先别急着吵。
看来婷婷也有话要说，
不如先听听她的想法。

我当然知道你们是为我好了，但我并不需要这种所谓的“好”。
①
你以为断绝了我和“差生”的来往，却不知道断绝的是我和朋友间的友情。
②
③
你以为吃了胡萝卜就补充营养了，却不知道我失去的是表达自己的勇气。
2023 年 5 月 16 日，晴
他们好像根本不在意我怎么想……还不如闭嘴，图个清静。
④
我好像失去了“我”，我不可以有自己的想法。

我只想快点逃，你知道吗？
我知道你心里一直对爸妈有怨言……
但我们是过来人，不会害你的……
婷婷爸，我虽然能理解你的良苦用心，但家长对孩子控制太强其实是有害的。
怎么说？
家长在掌控孩子的时候，难免会表露出负面的情绪和行为，对孩子的人格塑造会造成巨大影响。
我们对你太失望了！
都怪我，是我让爸爸妈妈伤心了。
你再不听话我们就不要你了！
我好怕，我不能没有爸爸妈妈。

听我们的，你应该这样做……
爸妈不在身边，我该怎么办……
1
2
那我该怎么办？我只是希望婷婷能少走些弯路，不要像我一样……
我理解你的想法，自己走过的弯路就不想让孩子再走了。
3
虽说一家人不分彼此，但在家庭教育这门课程中，学会课题分离依然至关重要。
4
我们可以把课题分离分解成两个目标。

事件外部
怎么不接电话
和谁出去?
这么晚还不回家?
去哪了?
这都是为你好
我们这是担心你
什么时候回来
事件内部
活动出发
执行
结果
一、划清界限
可以对具体的事件进行具体分析，以婷婷晚上出来玩这件事为例。
①
②
婷婷始终在事情的中心主导位，而父母则在辅助位。
你们可以给予建议，但这件事仍然属于婷婷的课题。
③
二、做好自己
婷婷作为有独立意志的成年人，是可以为自己的行为负责的。
找工作
④
独自出行
人际关系

父母没必要把孩子当作生活的全部。
1
2
至于如何对待孩子，适度地引领和建议比强迫更有效。
爸妈，我今晚去朋友家玩，就不回来了。
好，有啥事给爸爸打电话。
3
你说得对……
我们也不能陪她一辈子。
谢谢爸爸。
4
亲子关系中，学会放手，也是一种爱。

在某社交平台输入“父母控制欲”进行搜索，出现的几乎都是关于孩子吐槽父母控制欲强、指导备受操控的孩子自救的文章。由此可见，孩子苦于父母的控制久矣。

为什么控制欲在父母身上如此常见呢？有四个方面的原因。

1. 权力欲望

在传统观念里，父母和孩子的关系存在着天然的不平等与服从，且大部分孩子是没有独自生存能力的，再加之权力欲望的满足会给个人带来满足、自恋的感受，父母就会落入“我生你养你，你就必须服从我”的误区。

2. 过度焦虑

就像婷婷的爸爸，总是在“她会走错路”“她会吃苦”的焦虑之下，而缓解焦虑最直接且方便的方法就是控制孩子的行为。

3. 投射

“投射”可以简单理解为“把自己身上发生的事情，归结到别人的身上”。一如婷婷的爸爸所说的“我希望她不要像我一样”，这时婷婷的爸爸就是把自己曾经的困难处境投射到了婷婷身上，认为婷婷一定也会走那些弯路。

心理专家这样说

当然不止于此，部分父母也可能把自己未实现的梦想投射到孩子身上，等等。

4. 没有安全感

一般是对孩子长大远去的恐惧感，这种恐惧可能来自因不幸的婚姻、衰老、跟不上时代步伐或对孩子的亏欠等产生“可能会被抛弃”的念头。

看到这里，如果你已为人父母，就回顾一下自己和孩子的相处过程，是否也存在上述想法。如果存在，请友善地和孩子沟通，听听他们的想法。

在人生的航行中，我们更希望父母做照亮方向的灯塔，而非禁锢帆船的麻绳。

一种时间也治不好的伤

如何走出亲人离世的创伤？

主题介绍

当我们年龄渐长，经历的事情越来越多，尝过万般酸甜苦辣，其中最难以面对的，可能就是亲人的离世了。他们的离去在我们的世界里掀起一场地震，余震不息，音容犹在，笑貌宛存，亲人已不在的现实与心底的悲痛和思念矛盾交织，让人迟迟不愿放下。

如何走出亲人去世的悲伤？这是一个所有人都要面对的问题。

人物介绍

乔乔奶奶

已经年近 70 岁的她，身体算不上硬朗，喜欢清净的独居生活，常常一个人安静地坐着，回忆与老伴一起度过的大半辈子。

乔乔爸妈

上有老下有小的中年人，幸而工作稳定，儿子健康活泼，只是非常担心独居老家的乔乔奶奶，一到节假日就带上乔乔回老家看望她。

故事背景

自从丈夫去世，乔乔奶奶一直一个人住在老家。转眼老伴去世已经将近一年，今年清明，乔乔爸妈带上乔乔回老家看望乔乔奶奶，祭拜乔乔爷爷。在老家，乔乔爸爸观察到，母亲发生了一些令人担忧的变化。

元气社
open
这菜是从老家菜园里摘的，可新鲜了，你拿一点。
是回老家祭拜了吗？
清明回去了，顺便把他奶奶接过来。
乔乔奶奶身体怎么样？好久没见了。
不太好……
我爸走了之后，我妈就一直不怎么精神。还非要一个人住在老宅子里。

这次我们清明回去，发现她瘦了好多。
天天坐在门口发呆，饭也不好好吃，好说歹说把她劝过来。
去，叫你奶奶也来坐一会儿。
阿姨这样多久了？是从你父亲去世，一直都这样吗？
好像是，一年多了吧……

我爸身体一直挺好的，平常感冒咳嗽都很少，他突然倒下……
你怎么突然就走了啊！留我一个人以后怎么过啊！
我们所有人都猝不及防。
出于现实原因，我们甚至没能给他好好办个葬礼。
殡仪馆
你爸生前最好热闹，临了却冷冷清清。
回家之后，我妈突然提出，要一个人回老宅住。
这儿这么偏，你万一再有个头疼脑热的……我们怎么放心。
奶奶，奶奶……

我跟你爸在这儿住了大半辈子，怎么现在就住不了了！
老家偏远，我们也只能节假日的时候多去看望。
奶奶，我们来看您了！
每次看望却经常不开心，我妈的脾气越来越古怪。
妈，吃点这个，你都瘦了好多。
老了，不中用了，连吃什么都要被人管了。
没事，不喜欢吃这个还有别的。

她好像对我们也越来越不在意，甚至是乔乔。
奶奶你看，这是昨天老师奖励给我的。
这次回家，她不知道从哪翻出来一件我爸生前的大衣。
都怪我，要不是我让你爸替我去医院拿药。
他也不会……
留我一个人活着有什么意思！
这是从哪翻出来的。
原本就身体不好，天天这样，我们哪还敢放她一个人住在老家。

爸已经去世一年多了，您也该放下了。
亲人去世哪有不难过的，更何况夫妻相伴几十年。
独自居住在跟乔乔爷爷生活多年的老宅，一个人默默怀念。
您一定承受了很多哀伤吧。
爸走了，我们只是想更好地照顾您。
离开老宅并不代表您就抛弃了过去，怀念的方式有很多。
您依然可以一边跟儿女好好生活，一边怀念您的丈夫。
我相信您的儿子也是希望能跟您一起做这件事的。

他们还有自己的生活。他们都放下了，只有我……
您怎么就知道我不难过，那也是我的爸爸啊！
只是，突然去世，接着就要处理各种事情。我甚至都还没反应过来是怎么回事。
殡仪馆
节哀顺变。
还没……还没好好跟爸告个别！
每个人的哀伤反应都是不一样的，没有标准。
不同的身份和性别也会有不同的表现。您的儿子也同样悲伤。
只是，您的悲伤化作眼泪在脸上流淌。
他的悲伤隐在心底。

甚至哀伤的时间和程度都不一定是个随时间线性递减的过程。
而是在一定区间内来回变动。
比如清明或去世纪念日，我们的哀伤总是会深重许多。
我们并不是忘了爸，只是，您也要保重身体。
乔乔也不会忘记爷爷，爷爷常带乔乔去公园玩。

我们可以尝试有序地释放自己的悲伤，安放这些失控的情绪。
比如，我们可以像这样一家人坐在一起，一起谈谈关于乔乔爷爷的美好回忆。
爷爷会给我炸丸子吃。
我们还可以专门归置出一个地方，来存放与爸爸相关的一切。
大学时爸给我写的信，我一直都留着。

有时候翻出来看看，每
次都可以获得力量。
我们还可以以逝者的名义捐
款或者做义工，这些都能够
帮助我们更好地处理哀伤。
1
当然最重要的是保重自
己，不要让家人担心。
很多人以为，去世就代表
着彻底的消失和关系断绝。
但只要思念还在，你们之
间的关系就不会自动终结。
只是，该进入下个阶段
了——带着逝去亲人的
祝福，继续好好生活。
2

延长哀伤障碍（prolonged grief disorder，PGD）是一个颇受争议的疾病，是指丧亲 12 个月后，仍然存在超出常态的哀伤，持续悲痛、过度怀念逝者，无法回忆起与逝者相关的积极方面，日常感到生活困难、麻木和无意义。

很多人会疑惑，面对亲人去世的哀伤怎么就是疾病了呢？但它先后被纳入《国际疾病分类》第 11 版和《精神疾病诊断与统计手册》第 5 版。失去至亲对每个人而言都是一次严重的创伤，亲人去世带来的不仅是依恋关系的断绝，更是核心世界观的粉碎。研究发现，50%~80% 的人会在事件发生后的几个月里经历强烈的哀伤体验，其中 7%~10% 的人哀伤会持续存在，直到发展成一种病理性哀伤，即延长哀伤障碍。

如果你或身边的亲人 / 朋友迟迟难以从哀伤中走出，必要的时候，请及时帮他预约一位心理医生吧，时间能冲淡记忆，却不一定能治愈心底的伤。

心理专家这样说

第二部分

生活的甜

生活如甜蜜的糖果，每一颗都值得细细品味。

怎样度过那些生活的无意义时刻？

参与到生活中，才能找到意义感

主题介绍

起床、上班、下班、睡觉……打工人的一天仿佛复制粘贴一般，在每一天反复上演。

我们不禁发问：除了钱，上班到底为了什么？如果是努力变得优秀，那么这值得吗？这样的日子真的有意义吗？如此日复一日的辛苦，我们到底在追寻什么？

“空心病”就在这些问题中产生了。空心病是徐凯文教授提出的，指价值观缺陷导致的心理障碍。

而今，我们好像很少真正地崇尚一种精神，也很少相信一种力量，在忙碌和碎片信息的裹挟下，个人意志仿佛被淡化了，无意义感和迷茫随之而来。但好在你我并非孤立无援，你想要的答案或许就藏在人与人的的交流中。

人物介绍

阿明

年近30岁的某大厂员工，曾经手握高薪进入公司。但是用阿明的话来说，他的职场生活简直可以说是高开低走，虎头蛇尾……哦不，目前还没有“尾巴”。虽然年纪不大，但阿明的眼神中总透露出一丝忧郁，仿佛被疲倦的生活掏空了内心。

故事背景

“有些时候，我明明想要努力，却有心无力。”——这是近来阿明在日记里写得最多的一句话。同事的指手画脚，上司的不作为，让阿明一头栽进了无意义的旋涡，怀疑这份工作，也怀疑自己，他好像被自己困住了，困在了自己的思维里。

好在，大叔最拿手的招牌牛肉面救了阿明。

大叔，跟昨晚一样。
1
好嘞！
怎么又这么晚来？
在家睡不着，也不知道干什么。
2
3
想干什么就干什么啊。
4
大叔，你每天都待在这里，不会觉得无聊吗？

①
每天给大家带来美食，顺顺解解闷，多有意思啊！
你的生活这么精彩，我的生活却乏善可陈。
②
空洞的 PPT，漫长的部门会议……
下班以后终于拥有了自由，却不知道自己究竟想干什么。

①
我尝试过上充实的生活，把生活的每一个间隙都填满，让这些想法无处可藏。
②
我厌恶这种低能量的状态，也厌恶这样的自己。
振作起来啊！
但好像什么用都没有，它总是不请自来。
又浪费了一天时间。对生命的渴望，想要变成什么样的人，人生如何规划，我全都不知道，也没有欲望知道。甚至已经没有什么悲伤或快乐，只是觉得疲惫……

我也想过上有意义的生活，却有心无力。
你一般在什么时候会有这些想法呢？
你说我是不是病了？听说抑郁了就是这样。
一个人的时候或者闲下来的时候。
情绪会突然非常低落，觉得生活真没意思。
低落个三五天，又慢慢好起来。

过一段时间，这个循环再次开始。就像女生的生理期一样，周而复始。
那这两天你又情绪低落了吗？
最近又经常感觉生活没意思，不想跟人讲话，不想上班。
能具体说说有什么表现吗？
我也不知道该怎么说。
比如，你说不想上班，但我记得你原来还挺喜欢分享工作的。是最近发生了什么吗？
有个同事非常讨厌，工作做不好，还总喜欢指手画脚，最后又让大家帮他收拾烂摊子。

但是，因为他是领导安排进来的，评优是他，晋升也是他。
你说，我天天这么辛苦图什么！这破工作干着有什么意思！
所以，是这件不公平的事情，让你感觉努力工作失去了意义吗？
是的。
我猜，那个同事年纪跟你差不多？
比我大 3 岁。

你看，你比他年轻这么多，已经有能力给他收拾烂摊子了。
他确实比我差劲多了。
而这一切都是因为，曾经的你那么努力。
你几乎每天都在加班，学习专业技能，熟悉业务。

所以，怎么能说曾经的努力没有意义呢？
谢谢你，有被安慰到。
但这次负面情绪消除了，下次碰到别的事情，它还会冒出来。
同事讨厌
下雨堵车
失恋
父母催婚
爷爷去世
人生就是这样，解决了一个问题，
还有下一个，痛苦也这样无休无止。
换个角度想，解决问题的过程，何尝不是丰富我们人生体验、提升个人能力的过程？
作为一个普通人，再努力又能怎么样呢？
放在宇宙大背景下，整个地球都不过是沧海一粟，更何况我如此渺小的存在？

你这不是抑郁症，是“哲学忧郁症”吧?
STOP
首先，你的推理就有问题。
放在宇宙中，个体的痛苦也不过是沧海一粟，不值一提。
有阿明存在的宇宙
没有阿明存在的宇宙
其次，如果你试图光靠这些形而上的推断，找到意义感，你永远也不会成功。
因为意义感从来不会单独存在，它不过是我们好好生活的副产品。

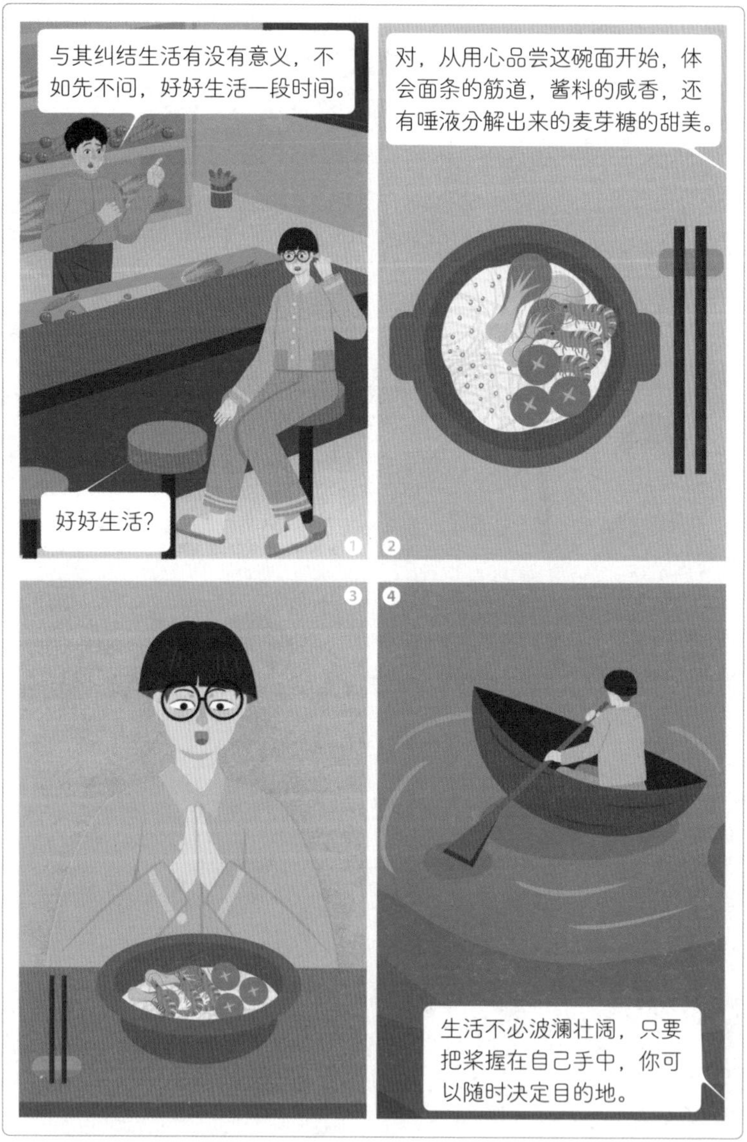
与其纠结生活有没有意义，不如先不问，好好生活一段时间。
好好生活？
对，从用心品尝这碗面开始，体会面条的筋道，酱料的咸香，还有唾液分解出来的麦芽糖的甜美。
生活不必波澜壮阔，只要把桨握在自己手中，你可以随时决定目的地。

我们创造了各种词，例如内耗、空心病、存在主义危机，等等。试图描述自己对生活意义的思索与困惑，但每一次的思绪沉浸总会轻易变成混杂的概念重复，把自己和他人都绕进去，再激起毫无缘由的焦虑感——意义感的缺乏仿佛变成当今社会的“不治之症”。

存在主义心理治疗提供了一个认识该问题的新视角。它认为，我们每个人都向往不朽，希望有归属感，互相关联，过有意义的生活，但必须面对不可避免的死亡、自由、孤独和无意义，这四对对立的矛盾便是我们大多数人焦虑的根源。

这种认识是否准确尚待探索，但它的价值在于，给我们提供了一个处理“无意义感”的方法论框架：首先，我们必须重新澄清问题，我们情绪低落的原因是否的确是意义感缺失，正如故事中的阿明最近的一次情绪低落，其直接原因是工作中遇到了挫折；其次，意义不是空想出来的，而是自己在生活中创造出来的，真正参与到生活中去，你终会拥有属于自己的生活的意义。

心理专家这样说

成年人一定要情绪稳定吗？

和情绪和平相处，不要控制、抑制它

主题介绍

做情绪稳定的伴侣、做情绪稳定的父母、做情绪稳定的职场人……一句“情绪稳定”绑架了多少人？

我们的情绪几乎不会如一条直线般毫无波澜，而是在一定范围内来回波动的，所谓的“情绪稳定”，真的有人能做到吗？

人物介绍

伍美美

相对于本名，大家好像已经习惯了叫她“托托妈妈”，而她也欣然接受。成为一个好妈妈，教育好托托，就是她目前最重要的事情。但天生急性子的她，当了妈妈后也很难做到温柔有耐心。

故事背景

最近托托妈妈过得很不好，带娃的工作没有想象中的那么轻松，忙碌之下脾气更是渐长，怎么都控制不好，家里总是三天一小吵五天一大吵，托托妈妈自己都自责情绪太不稳定。

妈妈说xxx
妈妈情绪稳定，是孩子最大的幸福
母亲情绪越稳定，孩子成长越健康
好了好了，我知道我不是一个好妈妈！
怎么就不是个好妈妈了呢？
我脾气这么不好，一点就炸，根本做不到情绪稳定。
当妈妈是不能乱发脾气。
父母情绪不稳定会让孩子缺乏安全感，还会给他们形成不好的示范。

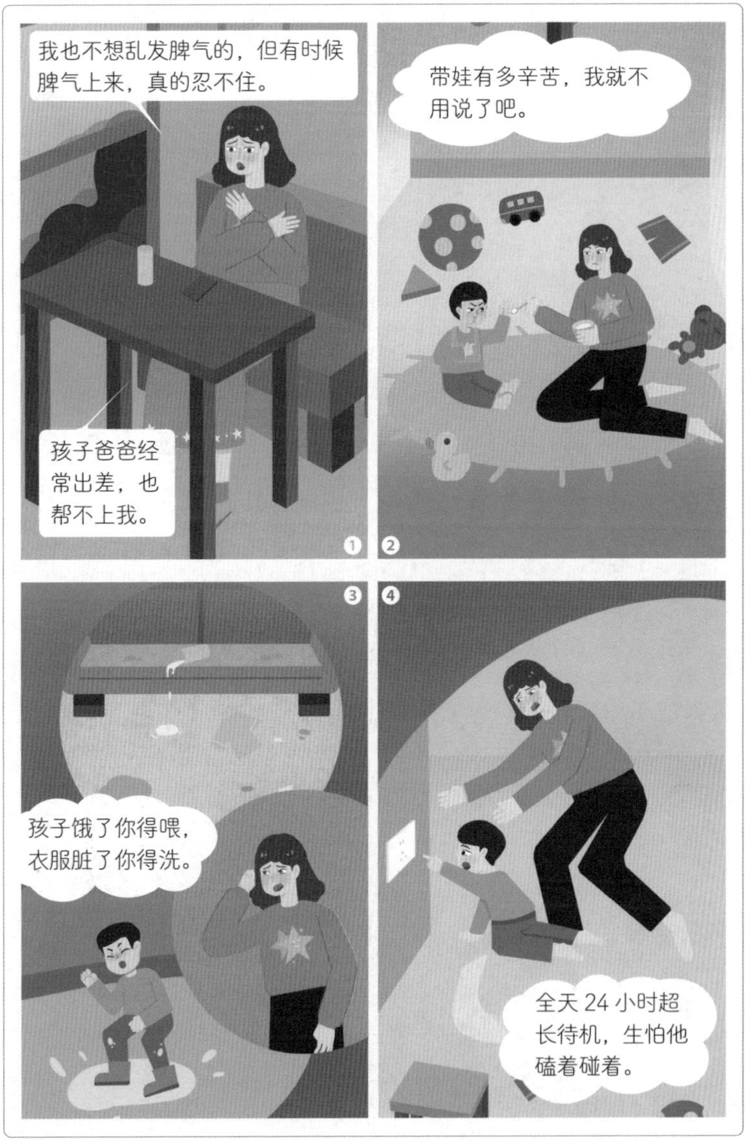
我也不想乱发脾气的，但有时候脾气上来，真的忍不住。
孩子爸爸经常出差，也帮不上我。
带娃有多辛苦，我就不用说了吧。
孩子饿了你得喂，衣服脏了你得洗。
全天 24 小时超长待机，生怕他磕着碰着。

1
有时候还特别心累，明明是为孩子好，家里人还不配合。
妈，您又给托托玩手机！
看一会儿又怎么了？
托托还小，看手机容易上瘾，对眼睛也不好。
那你来哄！
2
事情一多，我的脾气就跟着上来了。
哭哭哭！天天就知道哭！烦死了！
你再哭试试？

对不起，我下次再也不凶你了。
发誓改进
娃（又）不听话
妈妈生气
争吵打骂
难过后悔
但下回脾气上来的时候，我还是压不住。
为什么其他妈妈都能做到情绪稳定，我就压不住脾气呢?
这是一个已经充过气的气球，如果我继续往里吹气，会发生什么?
会爆炸。

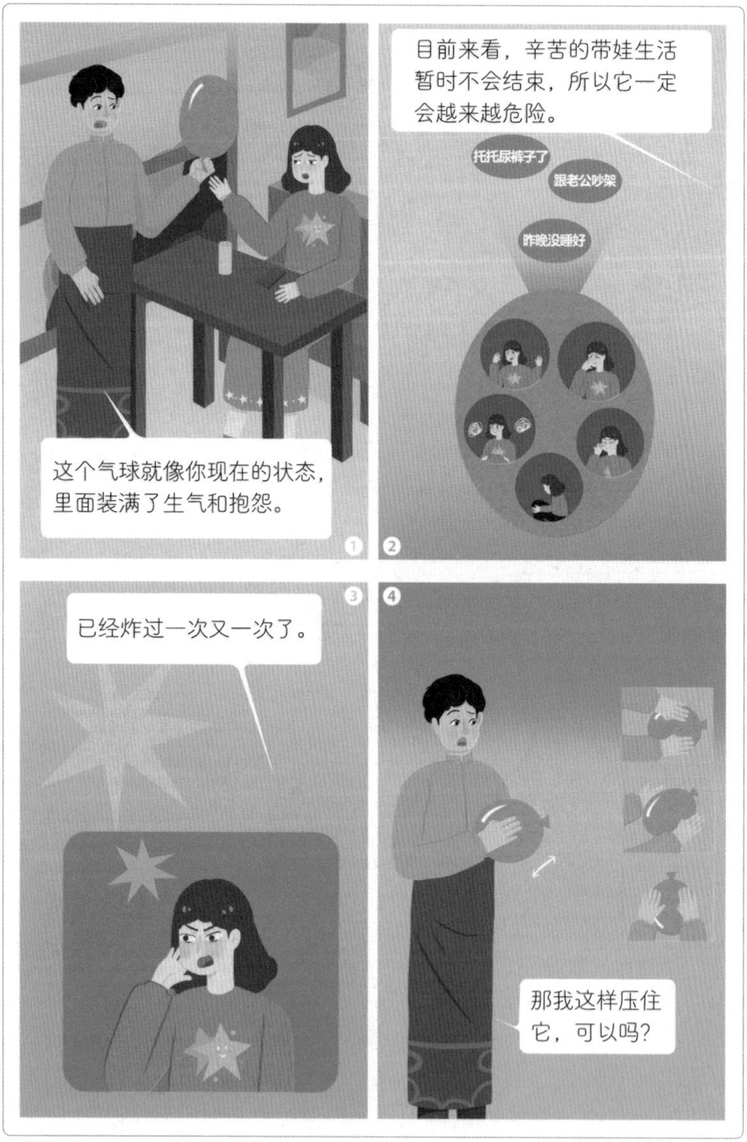
这个气球就像你现在的状态，里面装满了生气和抱怨。
目前来看，辛苦的带娃生活暂时不会结束，所以它一定会越来越危险。
托托尿裤子了
跟老公吵架
昨晚没睡好
已经炸过一次又一次了。
那我这样压住它，可以吗？

1
不可以，它只会爆炸得更快。
这就是你目前采取的办法——忍。
2
我真的已经很努力地控制脾气了，我也想保持情绪稳定，但是我真的做不到。
3
其实，当碰到不顺心的事时，我们会生气、想要发脾气，这些都是自然的情绪反应。

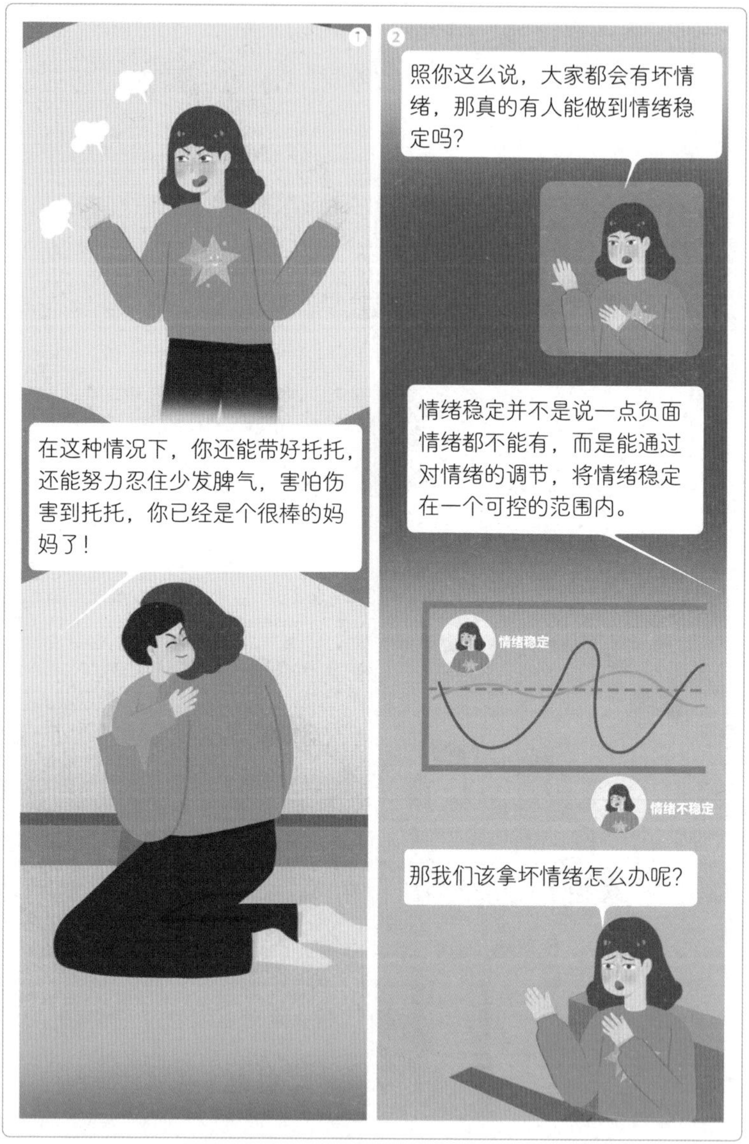
在这种情况下，你还能带好托托，还能努力忍住少发脾气，害怕伤害到托托，你已经是个很棒的妈妈了！
照你这么说，大家都会有坏情绪，那真的有人能做到情绪稳定吗？
情绪稳定并不是说一点负面情绪都不能有，而是能通过对情绪的调节，将情绪稳定在一个可控的范围内。
情绪稳定
情绪不稳定
那我们该拿坏情绪怎么办呢？

首先，我们应该认识到，情绪没有好坏之分。
它只是我们对于当下情境的一种自然反应。
比如愤怒，这不正是对我们的一种提醒吗?
托托妈妈，你的原则被触犯了，马上行动起来!
既然它是有意义的，你还要马上消除它吗?
不消除。

其次，情绪既然像咳嗽一样是一种身体的自然反应，我们就无法直接消除它。
那我们情绪激动时该怎么办呢？总不能就这样任意发泄吧。
情绪无法一键消除，但我们可以通过一些方法，改变情绪反应的强度和持续时间。
比如，你跟托托生气，最长是多久？
我可能是半天，托托差不多 5 分钟，一转头他就忘记了。

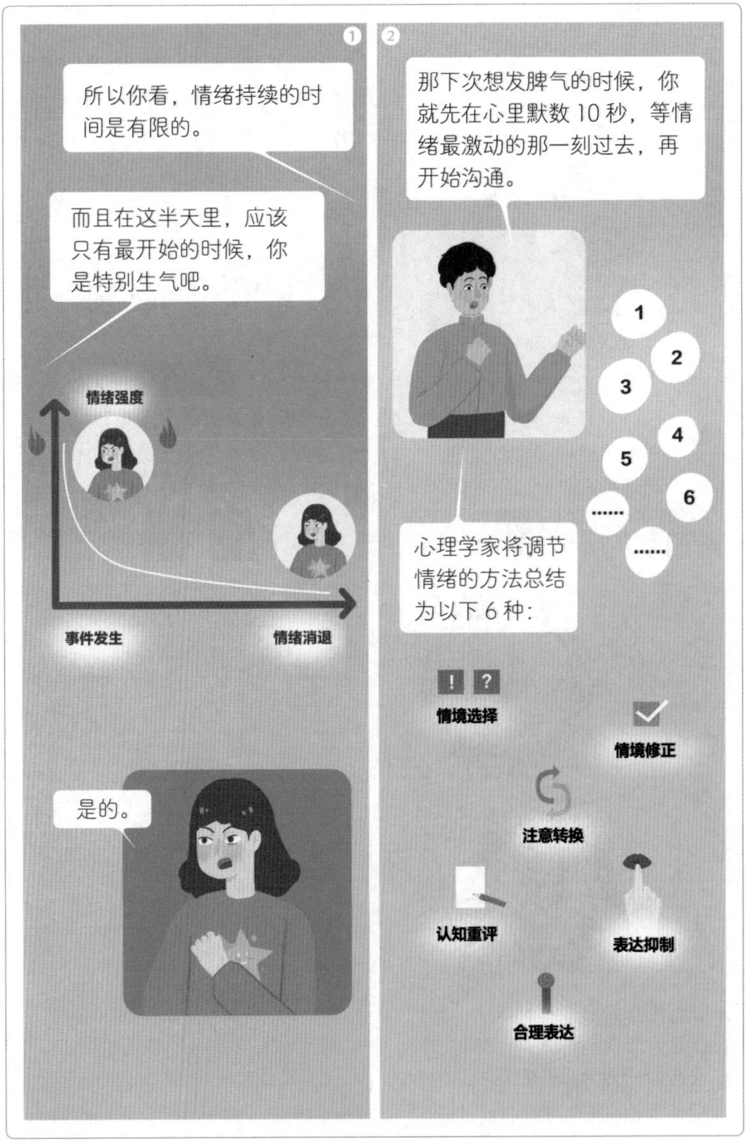

1
所以你看，情绪持续的时间是有限的。
而且在这半天里，应该只有最开始的时候，你是特别生气吧。
情绪强度
事件发生
情绪消退
是的。
2
那下次想发脾气的时候，你就先在心里默数 10 秒，等情绪最激动的那一刻过去，再开始沟通。
1
2
3
4
5
6
......
......
心理学家将调节情绪的方法总结为以下 6 种：
情境选择
情境修正
注意转换
认知重评
表达抑制
合理表达

我忍
之前你总是希望通过忍来控制消极情绪，其实就是使用了表达抑制。
1 2 3 4 5 6 7 8 9 10
生气时数数则属于注意转换，通过将注意集中在与情绪无关的地方，来降低情绪反应。
但无论打算采取哪种方法，我们都应该先察觉情绪，接纳它，然后选择一种合适的方式表达出来。
情绪稳定需要的是看见和互动，而不是压抑和忽视。

不知何时，情绪稳定好像成了新时代成年人必备的能力：

“情绪稳定是成年人的顶级修养”“一个成年人最大的能力，是情绪稳定”“掌握这 3 点，做个情绪稳定的成年人”……

各大媒体平台都在教我们压得住火、沉得住气、不要受负面情绪的干扰，连基本的情绪表达都被打上了“羞耻”的标签。看到这里，本成年人坐不住了：我们到底招谁惹谁了，连身体最自然的反应都不配拥有？

所谓情绪，是人对事物的态度、体验和行为反应，外力是不能迫使其消失的。当你抑制情绪时，从表面上看情绪是消失了，但实际上它可能会以其他形式表现出来，比如身体不适、效率低下、攻击他人等。

真正的情绪稳定是我们能够接纳情绪、与情绪和平相处，而不是控制、抑制它，只要掌握好方法，我们就能长久地实现情绪相对稳定。

心理专家这样说

讲故事帮我渡过人生低谷

叙事疗法是如何疗愈你的?

主题介绍

一枚小小的硬币有两面，那么我们的人生是否也有两面呢?

我们犹豫着，前进着，同时也在得到和失去着。相比得到的，我们似乎总是将目光集中在失去之物上，集中在生活的背面。人生处于低谷时，除了抱怨命运，还可以怎样渡过呢?

人物介绍

阿亮

与自己的名字恰恰相反，阿亮的前半生是灰暗的。幼时父母离异，高考发挥失误……前半生充满挫折，好在阿亮心性坚韧，上大学、找工作、谈恋爱，每一步都走得踏实，年少时的不幸似乎也已经过去了。

故事背景

前些日子，阿亮不幸被裁员了。因为失业，阿亮本就心里烦闷，又因为一些生活琐事和女友吵了起来，遭遇分手。在情场和职场两失意的打击下，阿亮开始重新审视自己过去二十几年的人生。

你说，人活着怎么就那么难呢？
活着不难，也许，难的只是你当下碰到的问题。
我的问题可不止当下。
很小的时候，我父母就分开了。
并很快各自建立新家庭。
爸爸的新家
我没有家了。
妈妈的新家

我像一个拖油瓶，在各种亲戚家辗转。
爷爷，我想你了，不想在姑姑家住了。
只有在偶尔生日或过年的时候，才被他们施舍一点关心。
礼物收到了吧？
收到了，妈妈我想你了。
妈妈要照顾弟弟走不开。
小时候，我最期待的就是快快长大。

好好学习，考个好大学。
XX 大学通知书
①
经济独立，有个自己的小家。
②
③
但命运为什么就不能对我好一点！
高考失利……
高考成绩比平时少考了 30 分！
工作遇上大裁员……
被裁的为什么是我？
④
连谈了 5 年的女朋友也离我而去……
别抛下我。

我的人生是不是很失败?
每个人的人生体验和追求都不同，很难用简单的成功或失败来总结。
不要急着现在就给自己的人生下结论。
不如，我们先来看看当下困扰你的问题。
现在让我最难过的就是失业和失恋。
那你觉得哪个问题更紧迫呢?
失恋吧。
我们已经分手两个多月了，但我现在依然每天都想她。

改简历时想她。
面试时想她。
晚上睡不着还是想她。
如果不能从这段失恋中走出来，我可能就算找到新工作也做不好。
具体想什么呢?

想她为什么会离开我。
是我哪里没做好吗？
还是因为我丢了工作？
为什么我总是被最先抛弃的那一个？
1
这次裁员也是，一毕业我就进公司，兢兢业业做了这么多年，平常跟同事领导的关系也很好。
没想到一开始裁员，我是第一个。
2
3
所以，让你难受的不是失业或失恋，而是这种“被抛弃”的感觉。
但生活中我们经常做选择题。
4
比如今晚，你只能在一家店吃饭，你就必须决定是选我家还是其他家，如果你选择了其他家，会觉得这是对我的“抛弃”吗？
不算吧。
但是如果我知道了，也会伤心的哦。

你不能这么自私，我总还要考虑一下我自己。
你看，换个视角，我们对“被抛弃”这件事的认识就变了。
而且，今晚我还是来了这里。
其实从小到大，对我好的人也不少。
因为家庭环境不好，亲戚们都很照顾我。
阿亮又长高了呢。
谢谢姑姑。
虽然高考失利，在老师的建议下，我选到了很好的专业。
这个分数报考这个专业很好。
因为第一个被裁，拿到了丰厚的补偿金。
补偿金：2N

多年的努力也获得了领导的认可，帮我推荐另一家公司。
你会比我走得更远。
换个视角，好像我也没有那么差劲！
那你的父母和前女友呢？
我也不知道该怎么描述。
小时候妈妈每次跟我打电话都在哭。
妈妈对不起你！你要听爷爷的话。
也许他们也是爱我的，但新家庭的重要性超过了我。
我无法决定他们的选择，就像我无法决定女友的离开。
行业下行，公司需要裁员。

在重新理解“被抛弃”这件事后，我好像没那么恐惧和难过了。
实际上，这些问题无法定义你的人生，更无法左右你的行动。换个视角讲故事，眼前的问题甚至不构成问题。
在山谷，不在最低处。
地平线
还好我今晚来了你这里。

当陷入人生低谷时，我们总是被这些问题纠缠着：

凭什么这么对我？

我到底做错了什么？

真的都是我的错吗？

如果不是我的错，那又是谁的错？

在一连串的问题中，仿佛只有揪出来一个“罪魁祸首”才能罢休。在这时，我们不由地把人的对错放大了，也在不知不觉忽略了问题和环境带来的影响，从而落入攻击与自我攻击的陷阱。

但实际上，人并不是问题，问题本身才是问题。练习把问题和人分开，我们才能真正拥有解决问题的能力。

可以试试以下方法：

1. 给遇到的问题起个名字

就像你的名字一样，给它也起一个“代号”吧，方便我们称呼和找到它。

2. 描述特点

用几个词语来描述这个问题的特点，能帮助你更好地认清它的面貌。比如画中的阿亮，就可以把“被抛弃”这件事描述成伤心的、蓝色的甚至味道有些苦涩的。描述不必过于严苛，只要能反应自己的感受就可以。

3. 描述影响

它是怎样影响你的生活的？它的出现给生活带来了哪些变化？可以逐条举例，好坏皆可。

4. 描述目的

你觉得问题的出现又有什么目的？它的走向是怎么样的？它想要带给你什么样的体验或者教训？

5. 思考策略

问题已经来到了你的身边，你想怎么与它相处呢？是阻止它，还是接受它呢？

通过以上方法，我们不仅把问题形象化了，也初步理清了问题的思路。把问题和人分离后，解决问题也许就没那么困难了。

当曾经的抑郁症患者重返职场

抑郁症痊愈后，还能正常工作吗？

主题介绍

患心理疾病的人和我们有什么不同？暴躁易怒，自闭自伤？

纵使在社交媒体如此发达的今天，我们对抑郁症等心理疾病的错误认知和羞耻感仍然存在。

心理疾病与其他疾病并没有什么不同，都会经历发现、治疗、痊愈的过程。它们就像心灵的感冒发烧一样，有患病的时候，也一定有恢复的那天。

人物介绍

优优

半年前因为公司大规模裁员而失业，面对不断下行的大环境和接连被拒的面试，优优不幸患上了抑郁症。经过两个多月的休整后，她终于重新回到了那个能让她发光的职场。

故事背景

抑郁后重回职场的优优状态不如从前，不是工作能力不行，而是她对自己的能力产生了怀疑，加上一些抑郁症残留症状，她产生了退缩的念头。同时，优优很怕自己得抑郁症的消息被同事知道，一直默默承受着一切。

今晚吃什么好呢？
果然人生三大问，早上吃什么？中午吃什么？晚上吃什么？
1
明明是：我是谁？我在哪？我的人生有什么意义？
???
不，我的人生没有意义。
2
怎么会呢？想想半年前，你失业，还有抑郁症。
最艰难的日子已经过去了！
4
现在你不仅已经走出来，还有了新工作！

可是我感觉……
我已经快工作不下去了。
是复发了吗?
没有，上周复诊医生还给我减药了。
只是，抑郁症之后，我真的还可以正常工作吗?
抑郁症的“后遗症”，远比我想象中的严重。
抑郁症走了，但是对大脑的伤害还在。
这个好难啊。
经常到来的情绪低落。

还有时不时的失眠，
让我身心俱疲。
开始工作以后，要不要继续吃药，怎么吃，也是个问题。
优优，你感冒了吗？
啊？嗯，是的。
最近挺忙的，吃了药，今天开会又要犯困。
要不我把这破工作辞了吧！

我能理解你现在的艰难处境。
因为残留症状、服药复诊、药物不良反应及可能的病耻感，抑郁症患者在职场上会面临更多的困难。
只是，我记得你说过，很喜欢这份工作。
喜欢也没用啊。
刚拿到这个工作机会的时候，我确实挺开心的，打败了那么多竞选者。
恭喜你加入……
这是不是说明，我其实还不错呢？
实际上，我还是原来那个我。

事情最后都会被我搞砸。
是不是这份工作强度太高，让你压力太大了呢？要不要先换一份轻松一点的？
现在工作不好找，辞职了我就没有收入来源了。
看病吃药都要花钱。
那上周复诊时，你有跟你的主治医生讨论过这些问题吗？
没有，这些都是我自己的问题。是我自己工作做不好，医生也不能帮我解决啊。

工作是你自己的事情，但是康复就是医患的共同任务了。
医生不能替你工作，但是医生可以通过调整治疗方案，帮你处理抑郁症的残留症状，减轻药物不良反应。
最大限度地减少抑郁症对你工作的影响。

比如，你担心吃了药会犯困，那可以让医生减少镇定类药物的剂量或者换成其他类型的抗抑郁药。
那我下周复诊的时候跟我的主治医生聊聊！
其实，当症状出现波动时，你还可以考虑跟你的领导聊聊，这段时间先少承担一点工作。
不行的，这样大家都知道我有抑郁症了！

大家知道了又能怎么样呢？
那大家会怎么看我呢？会不会觉得我这个人特别脆弱？
领导会不会觉得我工作能力不行，以后就不把重要的工作交给我了？
这些确实是很现实的问题。

其实我也只是抱怨一下。
抑郁症康复之后，我终究还是要回到正常生活，重新开始工作。
其实仔细回想，工作带给我的也并非全是负面的，跟同事谈天说地，项目完成时的满足感，这些都是在家休息的时候体验不到的。
居家休息我可以很轻松，但工作的充实才能让我真正找回原来的自己。
你已经在康复的路上了，再给自己几个月时间。

当一位曾患抑郁症的患者重返职场，他会遇到哪些情景？他会经历什么？偶尔到来的失落情绪、时而感到的身心疲惫、吃药时同事投来的好奇目光，还是父母满面愁容的劝说？

我们总是在听患者诉说重返职场时的不易，也不难在媒体上搜到抑郁症患者职场生存及面试的小技巧：千万不要透露自己的实际情况，没有公司愿意要一个有心理疾病的人……有些话，说得多了听得久了，也就成了“真”。

曾有一位研究者随机选取了 84 位有心理疾病住院的男性病人进行调查，其中只有 6% 的病人称没有被排斥过，而其他病人均反应因心理疾病遭受过失业、躲避、嘲讽等伤害，即使他们的社会功能在治疗后得到了恢复，也仍未觉得被尊重。

一直到今天，对心理疾病的污名化从未停止，病与不病之间的沟壑真的如此之深吗？

据调查，我国成人的精神障碍终生患病率为 16.6%，精神疾病可能出现在人生中的任何阶段，任何人都难以保证自己永远不会跌落心理疾病的深渊。

或许，期待重返职场的抑郁患者不仅是漫画中的优优，也可能是邻居家的孩子，也可能是你是我，是不幸陷入深渊的千千万万个我们。试着去包容和接纳你身边的优优，就是在接纳千千万万个自己。

心理专家这样说

第三部分

自卑的苦

自卑的苦楚，是自我成长的催化剂。

每个人内心都有个批评者

勇敢地反驳它："我才不听你那一套呢！"

主题介绍

自尊是重要的心理特质，但自尊也是脆弱的。很多时候，我们以语言和行为为武器，或攻击别人，或攻击自己，不过是为了维护自己的自尊，最终伤人伤己。是时候学习一些保护自尊的健康方式了。

人物介绍

陈先生

朋友眼中的成功人士，从小到大成绩优秀，工作体面，在家里是家庭的顶梁柱。

赵小姐

陈先生的妻子，同样有着优秀的学历和体面的工作，性格温柔沉稳。

故事背景

二人结婚多年，一直过着稳定幸福的生活，但今年经济下行，陈先生所在的公司经营不善，大规模裁员，陈先生便上了裁员名单，目前已失业两个多月。

好久没来了，最近工作怎么样？
还能怎么样，老样子呗。最近领导给我派了个新项目，忙坏了！
晚上好。
都被公司裁员了，哪来的新项目！
被裁员了又怎么样，多的是公司求着我去。

1
倒是你那个破工作，工资又低……
这样攻击别人可不好。
2
你都不知道，自从失业，他就像变了个人，天天在家里打游戏，让他面试他不去，一说就跟我吵架，要不就是到处喝酒。

原来的你不是这样的啊！
工作随便找找就有了，天天念叨，你不嫌丢人啊！我看你就是想嘲笑我。
说你两句怎么了？不就是失业吗？你一个大男人怎么这么玻璃心！这么多人失业，也没见人家怎么着。
你真的放下失业这件事了吗？
我……我也不确定……

说起来，被辞退也都怪我自己，老想着偷懒。上半年我请过一次病假。外面的工人大夏天都还在干活，我只是发个烧，怎么就不能坚持一下呢？
有时候我也不够大方，同事让我帮忙，我拒绝了。
一把年纪还能力平平，没有一个公司看得上我……
懒惰
懦弱
愚蠢
自私
活该

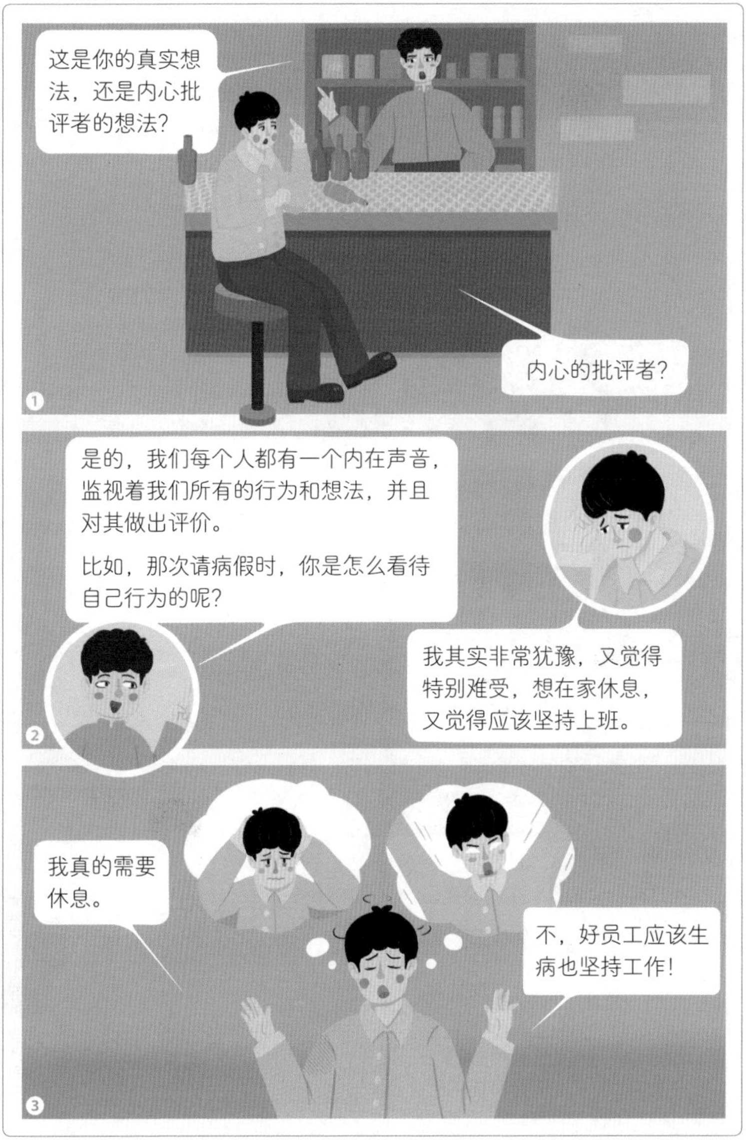
这是你的真实想法，还是内心批评者的想法?
内心的批评者?
是的，我们每个人都有一个内在声音，监视着我们所有的行为和想法，并且对其做出评价。
比如，那次请病假时，你是怎么看待自己行为的呢?
我其实非常犹豫，又觉得特别难受，想在家休息，又觉得应该坚持上班。
我真的需要休息。
不，好员工应该生病也坚持工作!

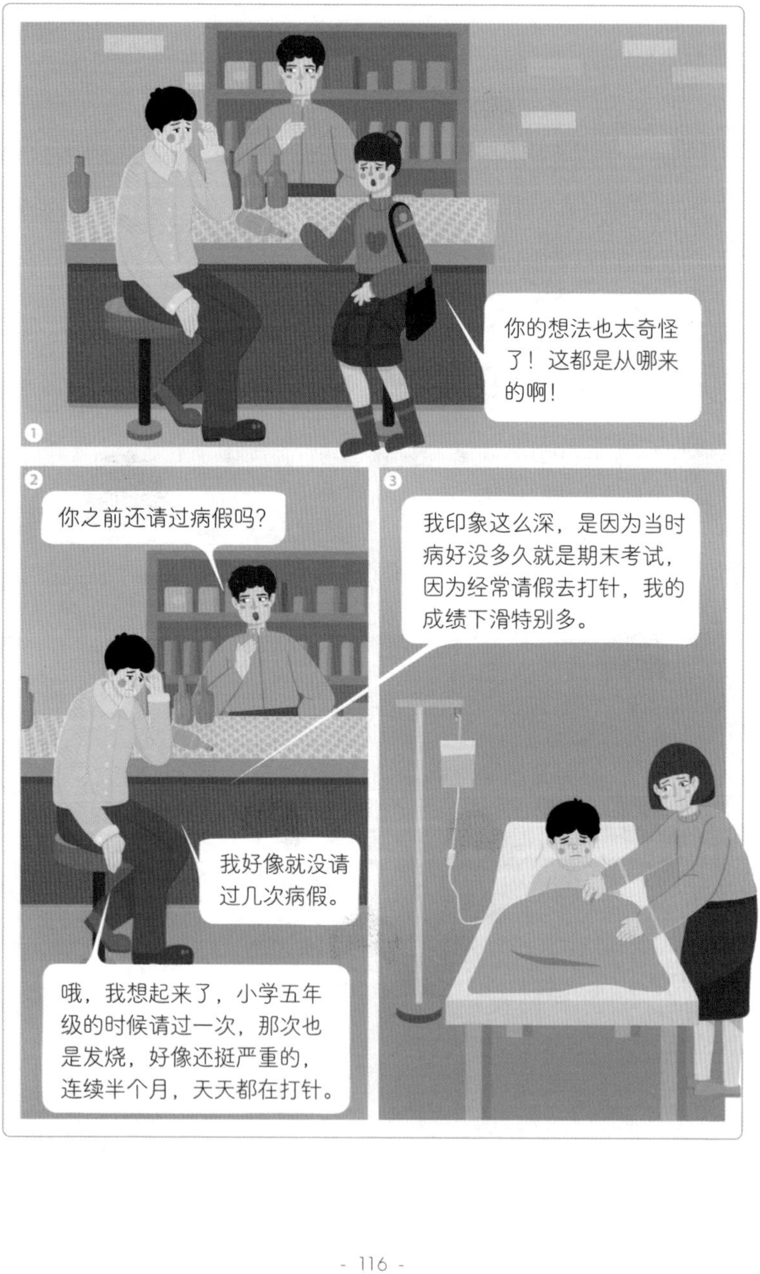
你的想法也太奇怪了！这都是从哪来的啊！
你之前还请过病假吗？
我好像就没请过几次病假。
哦，我想起来了，小学五年级的时候请过一次，那次也是发烧，好像还挺严重的，连续半个月，天天都在打针。
我印象这么深，是因为当时病好没多久就是期末考试，因为经常请假去打针，我的成绩下滑特别多。

考这么点分，长大能有什么出息！
从那以后，我就再也没主动请过假了。
从那以后，你就形成了一个信念：请假会带来不好的结果，好孩子不应该请病假。当你想请病假的时候，你内心的批评者就会跳出来。
好像确实如此。除了不请病假，我还有很多这样的“自我评价标准”，比如我应该永不疲倦地工作学习。
天天就知道玩，长大以后能有什么出息！
我一定要努力工作，出人头地，赚大钱。

你一定要好好工作，别像你爸，一辈子窝窝囊囊。
那你总能达到这些评价标准吗？
我努力过，大多数时候能，但有时候不能。
当达不到这些标准的时候，你心里会怎么想？
我会觉得很难受。有时候会狠狠骂自己。
这时候，内心的批评者就开始工作了。那你觉得这种批评效果怎么样呢？
应该是有用的吧。每次“被批评”以后，我确实更努力了。

1
真的吗？那你内心的批评者怎么看你现在的失业？
他说，我是个彻头彻尾的失败者。
2
不，你不是，现在就业环境不好，很多人都失业了。
冷静下来思考，我的能力也没批评者说的那么差，同事们还会拿他们处理不了的问题来问我呢。
3
4
批评者说：你失业了，你还是没有达到原来的评价标准。
5
那是批评者的评价标准，
是我父母的评价标准，
却不一定是我的评价标准，
而且，谁说标准定了就不能改！

那现在再提起失业，你是什么感觉？还会觉得难堪吗？
仔细想想，我早就想换工作了，经常加班到十一二点，为了赚点钱，身体都快熬坏了。
工作没了再找就好。其实，如果不是想着一定要找个更好的，我早就有新工作了。
那批评者再次出现的时候，你能驳倒它吗？
老公，下次它再出现，我帮你跟他吵。我理解你，我保护你。
像理解爱人一样理解和关爱自己，你们都要做到哦！

你喜欢自己吗？

你认可自己的价值吗？

你觉得自己是优点多一点，还是缺点多一点？

我们每个人的内心都有一个评价者在随时随地监督及评价自己，我们所说的自尊便来自这些对自我的评价。

而这个评价者，它并不总是客观真实的，甚至不一定是我们自己的声音。当我们遭遇失败，它会通过贬低别人来抬高自己，帮我们维护自尊心；当我们过于在意别人的看法，它会拿出扩音器，提醒我们以后不能再出现这样的“问题行为”。

不知不觉，中立的评价者变成了批评者。

当然，批评者的存在未必全是坏事，但如果我们发现批评者的评价标准存在问题，过于严苛、过于恶毒，让我们的情绪和生活状态都变得糟糕，这时候，请甩出现实证据，勇敢地去反驳它：“我才不听你那一套呢！”

心理专家这样说

面对你的夸赞，我无比心虚

总觉得“我不配”，可能是冒名顶替综合征

主题介绍

“你好漂亮！”“你真厉害！”

当听到别人的夸赞时，开心之余，你的心中是否曾升起过一丝怀疑：“我真的有这么好吗？他们真的是在夸我吗？我真的成功了？”

当我们的自我感觉与他人的评价或现实结果不一致时，到底哪个是真的，哪个是假的？也许，大叔这里会有答案。

人物介绍

潇潇

从小生活在姐姐的光环之下，潇潇总觉得自己比姐姐差一点，长得不如姐姐漂亮，性格不如姐姐贴心，连成绩也不如姐姐好。因为是美术生，才勉强进入这所好大学。明明，她已经很优秀了。

故事背景

潇潇今年大三了，丰富的大学生活让她自信开朗许多。但当机会出现时，类似“我真的能行吗？”这些不自信的想法还是会经常跳出来，她因此错失机会或者因为过于紧张而发挥失常，结果出来又懊恼不已。

最近，她又经历了一次类似的事情。

潇潇真是越来越美了！
哪有哪有，你夸得我都不好意思了。
这有什么不好意思的？
我觉得，我实际上没有大家夸得那么漂亮。
我戴着牙套，笑起来并不好看；即使偶尔看上去不错，也是因为化了妆。

所以当我们夸你漂亮的时候，你会特别不好意思，甚至怀疑别人夸的不是自己？
好像是的。
你这是冒名顶替综合征吧。
◆“冒名顶替综合征”又称“自我能力否定症”，它不是真的疾病，而是很多人都可能有的一种心理状态。
◆当取得成功被别人夸奖时，“我不够好”“我不配”这些否定自我能力和价值的想法就会跳出来。
我不好
我不配
我不行
我是个骗子
我不够好……我不配……我好像确实经常有这些想法。其实我今天心情不好，就是因为这个。

①
上个月我们学校通知，有个含金量很高的设计比赛。我就报名了，连续熬夜好几天，终于拿出一幅作品。
8天
7天
……
4天
我去找指导老师，也得到了老师的认可。
②
天赋一般，但胜在努力，你这个作品不错。
但在报名截止的第二天，我又把作品拿回来了。
昨天，获奖的作品公布，朋友和老师都说还不如我之前的作品。我没参赛太可惜了。

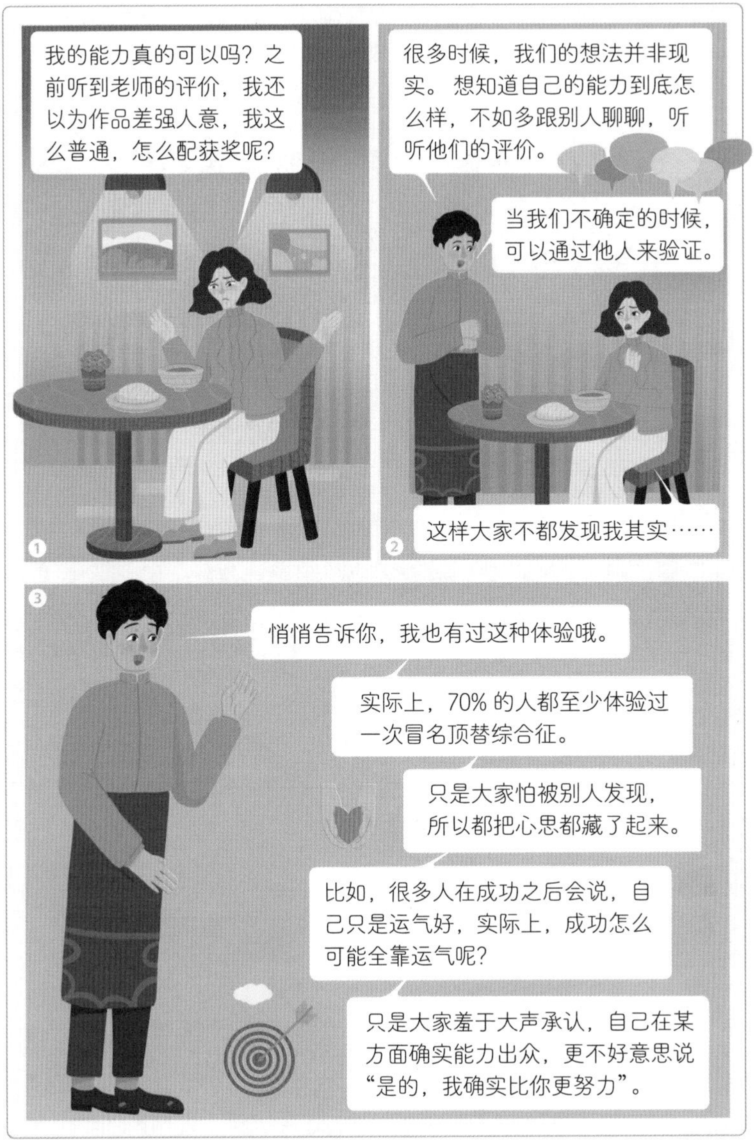
我的能力真的可以吗？之前听到老师的评价，我还以为作品差强人意，我这么普通，怎么配获奖呢？
1
很多时候，我们的想法并非现实。想知道自己的能力到底怎么样，不如多跟别人聊聊，听听他们的评价。
当我们不确定的时候，可以通过他人来验证。
这样大家不都发现我其实……
2
3
悄悄告诉你，我也有过这种体验哦。
实际上，70% 的人都至少体验过一次冒名顶替综合征。
只是大家怕被别人发现，所以都把心思都藏了起来。
比如，很多人在成功之后会说，自己只是运气好，实际上，成功怎么可能全靠运气呢？
只是大家羞于大声承认，自己在某方面确实能力出众，更不好意思说“是的，我确实比你更努力”。

可是我并不是什么成功人士，有时候大家的夸奖会让我怀疑，这也值得夸吗？
比如呢？
比如上次下雨，我去给男朋友送伞，他的朋友一直夸我温柔体贴。
你觉得自己不温柔体贴吗？
可是……我男朋友平常对我也很好，我身边人也都这样做的……
是的，所以，大家都很优秀啊。

20 世纪 80 年代，临床心理学家宝琳·克兰斯博士和苏珊娜·伊姆斯教授在许多高成就女性身上观察到一种奇怪的现象：按照世俗标准，她们已经非常优秀甚至功成名就，但是本人却否认自己的成就和能力。

不少人在调查中表示，她们把自己的成功归咎为运气和巧合，经常怀疑生活是场骗局，觉得自己能走到现在全是因为运气好。自己好像在“扮演”一个优秀的人，随时随地都活在被揭发的恐慌之中，不知道哪天就被发现，自己其实一无是处。

这种体验被命名为“冒名顶替综合征”，研究发现，70% 的人至少经历过一次这样的心理状态。如果你也像潇潇一样，面对别人的夸奖经常不知所措，心虚慌张，总是因为“我不好”或“我不配”这样的自我怀疑错过机会，你可能就正在经历“冒名顶替综合征”。

认识到自己的想法并非现实，也不只你一个人会有，看到自己的闪光点，甚至可以主动寻求夸赞，通过外界验证来打破“冒名顶替”这个心理陷阱。

每个人都有闪光点，都有值得夸赞的地方。从容面对别人的夸赞，对自己的能力充满信心，坦然享受成功后的喜悦，此刻的你就是真实的你。

心理专家这样说

为了变瘦，她曾经不择手段

什么才是美？或许根本不需要答案

主题介绍

你觉得什么才是“美”？

女性在千百年来的被审视中摸爬滚打：以瘦为美、一白遮百丑……到底什么才是真的美？是清新动人，还是健康有力，抑或个性张扬？

我们没有确切的答案，或许也根本不需要答案。

人物介绍

莉莉

曾因为身材遭受同学的耻笑，从此异常在意自己的身材，上中学时疯狂减肥，体重最轻的时候只有 50 斤。节食、厌食、呕吐……让她吃尽了苦头，好在现在慢慢认识到了健康是比身材更重要的东西。

阿莱

莉莉的朋友，二人在高中就认识了，见过莉莉最瘦的样子，但对背后的故事并不知情。她也想要拥有完美身材，但一直没能坚持下去。

故事背景

这天二人相约出来吃饭，庆祝阿莱终于脱单，在点菜的时候阿莱却犯了难，为了和她那又高又瘦的男朋友相配，她已经偷偷节食减肥一周了，本想向曾经减肥成功的莉莉讨教减肥经验，没想到引起了莉莉痛苦的回忆。

是不是点多了？
大叔做饭很好吃的，肯定能吃完。
可是会长胖啊。要是我能像你一样，想胖就胖想瘦就瘦多好。
1
2
你这身材可不胖，甚至属于偏瘦，盲目减肥不可取哦！
3
4
盲目追求变瘦，会让你付出你承受不起的代价。
曾经，我也像你一样在乎体重

青春期的少女，谁没为突然增加的脂肪烦恼过？
身高 158cm
体重 48kg
明明是再正常不过的身材，
只因为我发育早了一点，就成为大家口中的“肥婆”，
肥婆快点起来，我过不去！
所以，中考结束后，我做的第一件事就是——减肥！
XXXX 年 XX 月 XX 日那天，您在 XX 健康上停留了 230 分钟，那天你看的内容多与“减脂”“运动”有关，
或许你正在期待着自己，变成更好的模样。

从节食到断食，从每天锻炼半小时到每天锻炼 6 小时。
①
②
每天都在琢磨怎么减重，
6月20日：
50.2kg 胖死你算了！
6月21日：
48.9kg 你配吃饭吗？！
6月22日：
50.6kg 又胖又懒，像头猪一样！
6月23日
47.3kg
③
心情也随着体重称上的数字起起伏伏。
④
终于，高中开学的时候，我成功地瘦到了 60 斤。

甚至因为这段“励志”经历，
我成为最受全校女生欢迎的人。
莉莉，你帮我看看这个减脂计划。
莉莉，放学我请你喝奶茶！
1
狂瘦 40 斤，你也太厉害了吧！哪天教教我。
当你的生活只剩下体重称上的数字，是非常可悲的。
2
饿瘦体重是很容易反弹的，当你生活在集体中时，更是如此。
3
但是，我怎么能允许它增长呢？于是，我学会了一些方法。
终于全部吐出来了。
4

你这是神经性厌食症吧，而且已经从“限制型”发展为“暴食 / 清除型”。
当时的我，仿佛陷入一个死循环。
催吐/疯狂运动
想吃
暴食
罪恶感
长时间的节食，已经扭曲了我对食物的认知。
一小碗米饭 =116 大卡
一个鸡蛋 =73 大卡
一杯奶茶 =378 大卡
入口的每一种食物，对我来说都是必须马上消失的卡路里。

1
同时，我又必须消耗全部精力，才能战胜自己的进食欲望。
直到某一天，父母终于注意到了我的异常。
是不是学习太辛苦了，怎么瘦这么多！
2
特别怕冷
疲惫困倦
大把掉头发
晕倒
后来，我的身体状况也变得很糟糕。
脑子也因为营养不足，像生锈了一样。

不管父母和老师怎么劝告，也无法改变我的想法。
你真的觉得这样好看吗？
又一次晕倒在课堂上后，我被送到了医院的进食障碍科治疗。
妈妈只希望你能健康快乐。
没想到你还有这样的经历。那后来治好了吗？

算好了吧，我已经不会像原来一样极端地节食了。
但偶尔看见镜子里的自己，脑子里还是会出现一些审判自己的想法。
还是有点胖啊！
也不必这么紧张，并不是说减肥就是不好的。
也不是每个减肥的人都会像莉莉这样，发展成进食障碍。

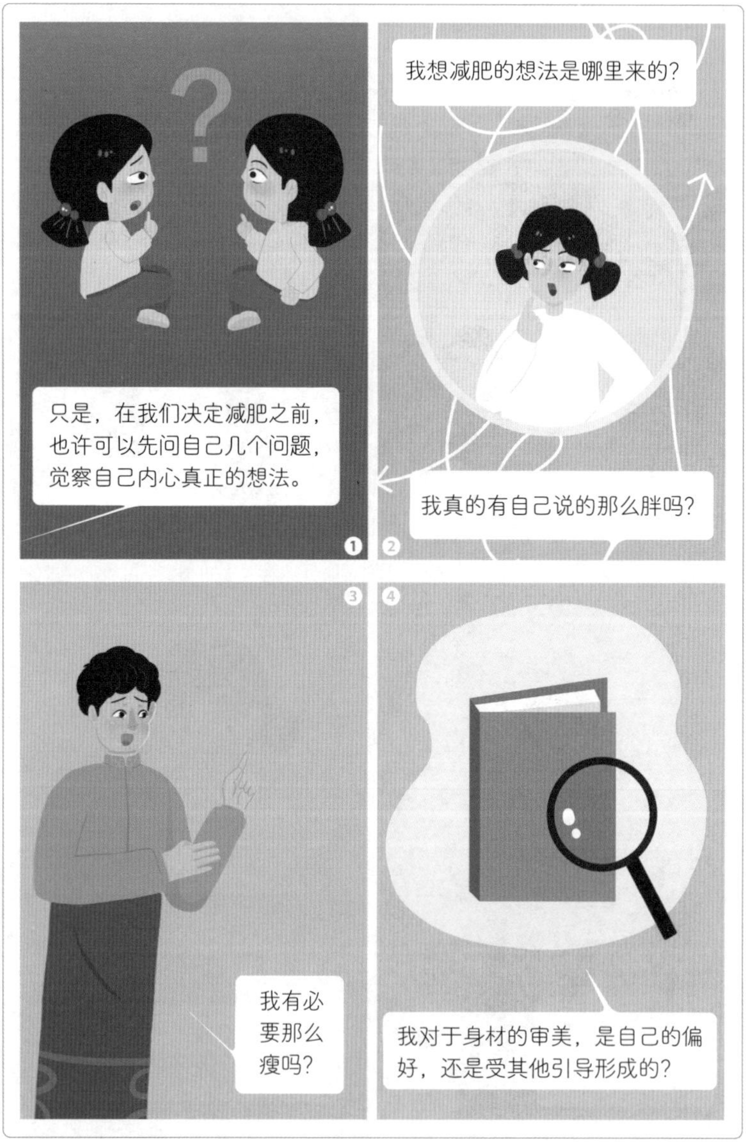
只是，在我们决定减肥之前，
也许可以先问自己几个问题，
觉察自己内心真正的想法。
我想减肥的想法是哪里来的？
我真的有自己说的那么胖吗？
我有必要那么瘦吗？
我对于身材的审美，是自己的偏好，还是受其他引导形成的？

除了体重，还有哪些事物对我而言很重要？
体重和身材只是生活的一部分，如果影响不大，甚至是毫不重要的一部分。
①
②
想变瘦也没问题，只是在执行计划的过程中，
③
别忘了尊重身体发出的信号，
④
别忘了聆听内心真正的声音。

可能很少有人知道，进食障碍是致死率最高的一种精神障碍，尤其是神经性厌食症，致死率高达 10%。

进食障碍高发于青春期和年轻女性，她们沉迷于各种减肥方法，对身体有极强的控制欲。在长期的低热量摄入和超负荷运动之下，最开始消失的是脂肪，后来就是肌肉、头发、内脏组织、消化系统、内分泌系统……严重损害生长发育，甚至患上糖尿病、心衰等严重躯体疾病。而这些，可能都不过始于最初一个简单的想法——“我要变得更瘦”。

进食障碍的治疗复杂且困难，是一场需要患者和家属配合，精神科、心理科、营养科医生共同努力的漫长战役。即使在治疗期间和治愈之后，患者也可能因为对体重、食物及自我的不正确认知，继续出现抵抗治疗、藏食、暴食、催吐等行为。经过系统治疗，一半以上患者可以逐渐恢复。

对身体的知觉属于自我认知的一部分，无论如何，希望你多喜欢自己一点，喜欢自己的身体多一点，它让我们得以感受春风拂面的温柔，得以参与这个世界的热闹繁华，而这个过程，与胖瘦无关。

心理专家这样说

一种隐性的自我攻击——羞耻感

羞耻感源于低自尊

主题介绍

一个人从 3 岁开始就会出现羞耻心。所谓“知耻而后勇”，在一般认知里，羞耻感是一种正向力量。但很多人不知道，它与自尊和自我意识关系密切，过度弥散的羞耻感也可能带来极具破坏性的情绪体验。

人物介绍

天天

一个有些别扭的女生，因为曾经被同学嘲笑，所以现在做事总是犹犹豫豫、唯唯诺诺的，很怕惹对方不愉快。现在这种别扭已经侵蚀到她生活的各个方面了，或许只有改变才能真的解救天天。

故事背景

天天像往常一样来大叔店里吃午饭，明明和大叔已经很熟了，发现大叔算错多收了钱，却不敢主动指出。天天的表现让大叔疑惑了，大叔打算和天天好好聊聊，看能否对她有所帮助。

一份牛肉面，一份小菜……一共 28 块。
哦，付过去了。
不好意思我算错了，应该是 26 块，我退两块给你。
我知道……不用了。
你知道？那为什么不直接提醒我呢？
我怕你觉得我斤斤计较……
怎么会呢？你经常有这种想法吗？
好像是吧……

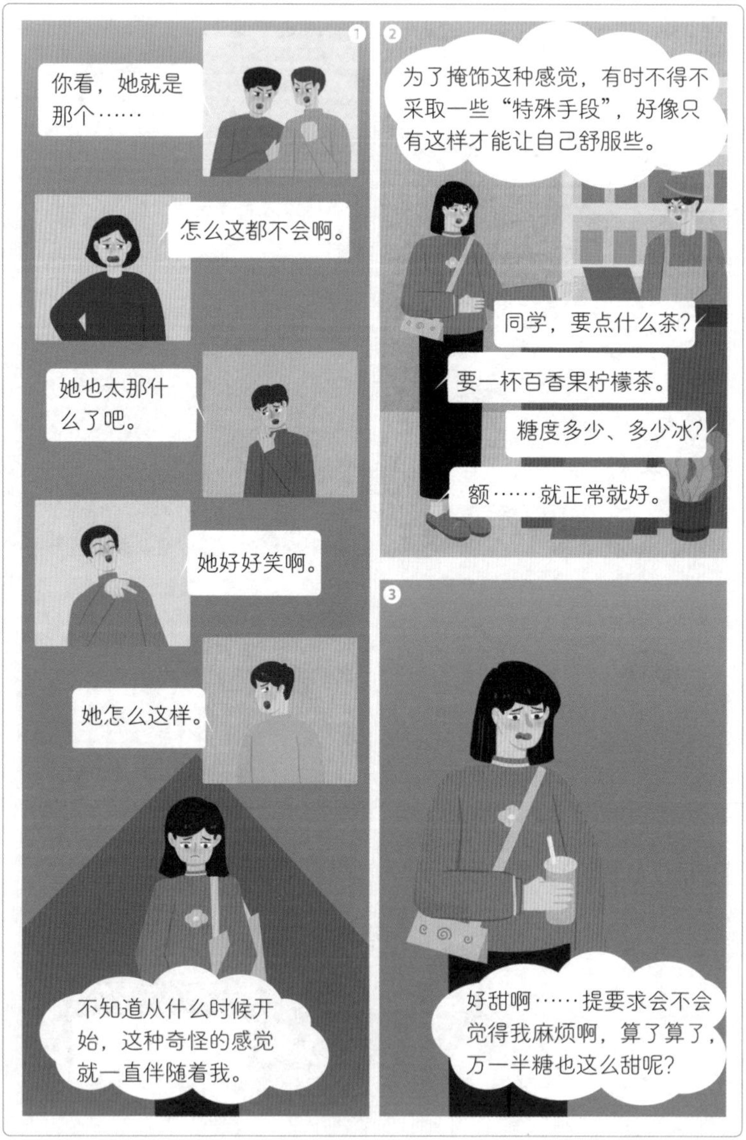
你看，她就是那个……
怎么这都不会啊。
她也太那什么了吧。
她好好笑啊。
她怎么这样。
不知道从什么时候开始，这种奇怪的感觉就一直伴随着我。
为了掩饰这种感觉，有时不得不采取一些“特殊手段”，好像只有这样才能让自己舒服些。
同学，要点什么茶?
要一杯百香果柠檬茶。
糖度多少、多少冰?
额……就正常就好。
好甜啊……提要求会不会觉得我麻烦啊，算了算了，万一半糖也这么甜呢?

我还会尽量降低自己的存在感。
不要叫我，不要叫我。
天天，你来念一下这几组单词。
add up,upset,ignore……
大点声，我能吃了你啊？
尽管如此，这种感觉还是蔓延到了身体的各个角落。
到底要不要穿啊……
算了算了，还是这样出门吧。

我也不知道怎么回事，这些别人看来再平常不过的事，到我这里怎么就……
先别着急。你刚才一直提到“奇怪的感觉”，能具体描述一下吗？
我好像很怕在别人面前暴露自己，因为我不知道别人会怎么想我。
所以你就一直压抑着自己？
嗯……算是吧。
像这种因为自己和外界的“不一致”、有缺陷和不足而产生的痛苦的情绪体验，可以被笼统地概括为“羞耻感”。
人际
能力
躯体
情绪
而且就像你说的那样，羞耻感可能会隐藏在你生活中的方方面面。

1
那为什么只有我会感到羞耻，而其他人不会呢？
作为一种情绪反应，每个人都会有羞耻的感觉，只是程度不同而已。
2
我好像比别人更严重些，这是为什么呢？
你觉得羞耻的反义词是什么呢？
3
自信，或者自尊？
很好，接下来可以回忆一下有没有哪些瞬间，是与这些词汇相违背的呢？

哟，李天天怎么穿裙子啊。
其实我本不想回忆起那段时光。
3月1日，晴天，又要开学了，我的作业还没补完……
你快把日记还给我。
写的什么啊哈哈哈。
对，她就是那个……
我已经记不清具体的前因后果了，但是那种感受让我记忆犹新。
恐惧

耻辱
尴尬
我再也不想体会那种感受了。
这就是问题所在了。

因为惧怕外界对真实的你做出负面评价，所以你习惯性地隐藏了真实的自我。
1
2
所以做事前，你会先进行自我审视，提前规避掉所有可能的风险。
这个不行，别人会说我。
算了，万一不行呢。
哎，他们肯定会说不行。
3
但也正是这种“审视”时时刻刻地折磨着你的内在小人让你感到恐惧。
4
那还能怎么办？我怎么知道别人会怎么想我……
也不一定。你可以仔细想想，这种恐惧现在真的还存在吗？

嗯?
比如刚才如果你指出了我的错误，我也并不会觉得你斤斤计较，反而会觉得你很细心。
好看!
裙子好漂亮!
其他朋友穿着短裙出门，得到的是赞美而非攻击。
仔细想想，好像真的没人再嘲笑我了。
是的，你的羞耻感虽然源于外部，解决它的关键却是你自己的内心。
只有你不再恐惧，心中的恶魔才会消失。

你也曾有过感到羞耻的时候吗？

“羞耻感”虽然不是一种心理疾病，但它作为一种基础的情绪感受，与其他的心理问题有着千丝万缕的联系。自卑可能源自“我不如别人”而产生的能力羞耻；敏感或许生于“他们会不会讨厌我”的疑惑；暴躁有时源于对羞耻的掩饰。

适度的羞耻感是激励，过度的羞耻感则可能引发问题。面对随时可能产生的羞耻感，可以试着去质疑它：

这种感觉是真实存在的，还是我主观认为的？

我现在是否有能力改变现状？

就算羞耻感真的存在，我有必要继续承受它带来的负面情绪吗？

羞耻感是否能给我带来积极的改变？

梳理好羞耻感对你来说是什么，再慢慢着手去解决它。人生只活一次，洒脱一点或许也没什么。

心理专家这样说

第四部分

情绪的辣

平淡中需要味觉刺激，生活才有滋有味。

焦虑情绪升级为焦虑症的6个信号

如何区分焦虑情绪和焦虑症？

主题介绍

焦虑情绪和焦虑症，看似一字之差，实则相隔万里。前者是人类的正常情绪之一，而后者则是需要治疗的心理疾病，更为复杂，在日常生活中，二者很容易混淆。

我们可以用三组关键词来区分二者。

焦虑情绪：轻、短、具体。焦虑情绪是因当下具体的问题而感到暂时的焦虑，当问题解决后，焦虑感也随之消失，这就是正常的焦虑情绪。

焦虑症：重、长、广泛。患焦虑症时，人们往往焦虑的不止事件本身，还有由事件发散的负面情绪，影响更广泛，持续时间也更长。

人物介绍

阿斌

30 岁出头的某国企中层员工，总是西装革履，头发打理得一丝不苟，俨然职场精英的模样。出身于某十八线小县城，家境普通但十分要强，在大城市工作的他有着比常人更大的压力。两年前不幸患上了焦虑症，好在有医生和大叔的帮助，现在几乎不会发作了。

故事背景

曾患有焦虑症的阿斌最近又觉得自己不太对劲，总是头痛、烦闷。阿斌回想起自己上次惊恐发作时的样子，不禁阵阵后怕，分不清自己这次是因为工作压力引起的正常情绪反应，还是焦虑症的复发。纠结之下，他想听听大叔的看法。

唉，工作压力太大了，头痛！你说我是不是焦虑症又复发了？
不一定。你回忆一下上次焦虑症发作时候的症状，这次有没有？
那我印象可太深刻了。
1
2
最开始引起我的注意的，是身体很多部位的疼痛。
你这肩膀也太僵硬了。
我不会得颈椎病了吧？
3
之后，其他问题也逐渐显现……
失眠
睡不好

尿频
视野模糊
工作也开始逐渐受到干扰。
倒水
发呆
转笔
阿斌，方案写好了吗？

一天又在走神中过去了！
①
跟家人朋友倾诉，他们总说我想太多。
我工作能力是不是很差？
要不换个轻松点的工作？
下份工作我还做不好怎么办？
你肯定行的。
②
③
还有房贷、车贷……
没事，我们存款够的。
④
万一父母突然生病要花钱怎么办？
又来了是吧？睡觉！

1
直到一次突然惊恐发作。
来我办公室一下。
阿斌你怎么了？
你没事吧？
先扶起来！
2
也是因为这次惊恐发作才去医院，然后被转诊到精神科。
我才知道我之前的表现已经不是大家所说的焦虑，已经升级到病理性的了，也就是医学上的“广泛性焦虑障碍”（General Anxiety Disorder，GAD）。

我们现在可以分清普通焦虑情绪和焦虑症了。
焦虑情绪是我们对压力的本能反应，感到焦虑不一定是坏事，运用得当的话，也可以成为一种激励。
焦虑症则是一种疾病，会在非理性信念催生下产生一系列心理和身体症状。
焦虑情绪
焦虑症
我得打起精神应对
问题1
问题2
问题3
当然，还要看这些症状出现的频率和时长。
至少6个月以上
只有当这些症状每天都出现，并且持续 6 个月以上，才可能是焦虑症。
那我这次没这么久。

其实，经过上次焦虑症发作、治疗、痊愈以后，
心理治疗
药物治疗
我已经很久没有发作过了。只是我就属于焦虑型人格，抗压能力差。
焦虑型人格的人确实更容易患焦虑症，不过你可以换个角度想，
你已经有过一次从发病到痊愈的经验了，即使下次再复发，你也完全有能力驯服它。
所以，不妨先把疾病放在一边。

当意识到自己又开始焦虑时，试试之前被验证过的有效的应对方法。
呼吸困难
头晕
记录情绪日志
冥想
跑步
将发散的焦虑情绪聚焦到具体问题上，焦虑症就不会那么容易找上你。

我们总说“我好焦虑”，但大众口中所说的焦虑往往是指焦虑情绪，与焦虑症其实是有区别的。那在什么情况下，焦虑情绪会升级为需要医生治疗的焦虑症呢？专家总结出以下六个信号：

一、身体不明原因、不定部位的持续疼痛，尤其是肩背部；

二、入睡困难、眠浅多梦，以及一些持续的躯体不适症状，如吞咽困难、尿频尿急；

三、坐立不安，交感神经系统过度活跃和肌肉紧张带来的各种不自主小动作；

四、惊恐发作，突然感到非常惊恐害怕，心跳加速，喘不上气，甚至有濒死感；

五、灾难化思维，经常没有原因地、非理性地过于紧张和害怕；

六、莫名的担心，持续地感到心里不踏实。

面对生活中突如其来的压力和变化，有焦虑情绪是正常的，但如果你已经出现以上症状，并对工作和生活带来了持续的干扰，就要及时寻求医生的帮助。在他们专业的帮助下，你很快就会调整好。

心理专家这样说

当你拖延时，你到底在想什么？

拖延时，不如顺其自然

主题介绍

拖延症，作为当代人的“绝症”之一，很多人都会时不时犯一下。随之而来的就是自我攻击、时间管理失败、任务完成不佳的挫败感。

我们总是关注拖延症带来的危害，却经常忽视拖延的过程本身，以及在这个过程中不断与最后期限周旋的自己。明知不可拖而拖之，拖延的时候，我们到底在想什么？是时候仔细观察一下了。

人物介绍

小强

作为一个积极上进的年轻人，小强一直热衷于学习各种时间管理技巧，希望能通过科学的时间管理方法，高效地执行任务，实现自己的目标，过上更加自律、更完美的人生。最喜欢做的事是做计划，最讨厌的事是别人不守时。

故事背景

元旦将近，又到了制订新的年度计划的时候。这天，小强带上电脑专门来大叔这里，希望能制订出一份完美的新年计划，期待新的一年是精彩的、充实的、不断成长的。让我们一起来看看小强的新年计划吧。

新年计划？
还有一周就要开始新的一年了，得在元旦前把新年计划做完。
我看看，很详细呀。不过……这不都是去年的吗？
新年计划
年度目标
分类 年度目标 类型 完成情况
学习成长 读完50本书 习惯型 8/50
工作事业 公务员上岸 项目型 ×
身体健康 减肥20斤 习惯型 -8斤
人际社群 找到女朋友 项目型 ×
今年的还有一些没完成，所以我先复制过来了。
你这是“一些”吗？
都怪我太懒了，才一直拖延。
先别着急批判自己，我们先聊聊你拖延的具体表现。
分类 年度目标
学习成长 读完50本书
工作事业 公务员上岸
身体健康 减肥20斤
人际社群 找到女朋友
比如，在这么多目标中，如果要你排序的话，你最想实现哪个？哪个其次？

首先是减肥 20 斤，其次是公务员上岸吧，再不上岸年龄就很吃亏了。
那我们先聊“公务员上岸”这个目标。
你是怎么完成这个目标的呢？
自从下定决心今年一定要上岸，我就开始准备。
努力
被迫加班
但两三天之后，我发现情况没有那么简单。
模拟考
32

之后是反反复复的个人意志战争。
考试时间逼近，我却觉得什么事都比坐在书桌前听课做题有意思……
……

最后呢？
我弃考了……
那你弃考的时候是什么感受？
做决定的时候很纠结，决定之后反而感觉轻松了很多，但还是有点失落。
谢谢你给我们分享了一个拖延症晚期“患者”的完整心路历程。
100%
5%
从最初的踌躇满志……
到中间的一边拖延一边羞愧、焦虑，再到最后的完全放弃。
我也不想这样的，我也知道拖延不好，但最后还是拖着拖着就变成了这样。

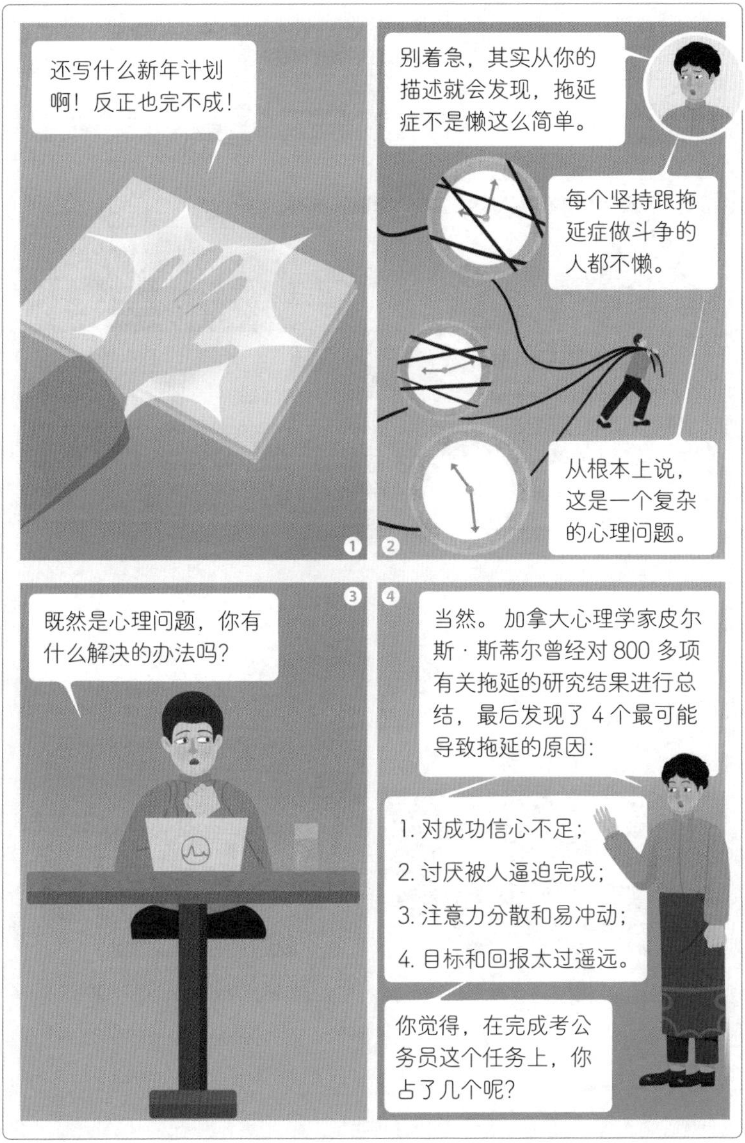
还写什么新年计划啊！反正也完不成！
别着急，其实从你的描述就会发现，拖延症不是懒这么简单。
每个坚持跟拖延症做斗争的人都不懒。
从根本上说，这是一个复杂的心理问题。
既然是心理问题，你有什么解决的办法吗？
当然。加拿大心理学家皮尔斯·斯蒂尔曾经对 800 多项有关拖延的研究结果进行总结，最后发现了 4 个最可能导致拖延的原因：
1. 对成功信心不足；
2. 讨厌被人逼迫完成；
3. 注意力分散和易冲动；
4. 目标和回报太过遥远。
你觉得，在完成考公务员这个任务上，你占了几个呢？

好像每个都占。这么复杂，我真的能战胜它吗?
当然可以，我们再看看你的另一个目标，减肥。
别提了，本来是想减肥的，结果越减越重。
刚开始，我对减肥这件事充满激情。
春天
后来就开始找借口拖延运动。
夏天
今天状态不好，先休息一天吧。

为了督促自己运动，
我办了健身卡。
秋天
但逐渐教练也喊
不动我运动。
冬天
您已经一个多月没
来运动了哦……
这总是因为
我懒了吧。
大家真的很喜欢从
性格方面找缺陷。

别着急，前面你提到，你国考之前反而特别想运动，你有想过是什么原因吗？
明明当时最应该做的事情是抓紧时间准备考试。
考试压力太大，我想通过运动来放松？
其他压力大的时候，你会想要运动吗？
并不会。
除了考试压力，一直拖延带来的压力和挫败更让你痛苦。
这时候任何能让你回避压力、感觉更舒服一点的事，你都会想做，但它们也会进一步加重拖延。
难怪你说拖延是心理问题。
在执行计划的时候，我们必须意识到一件事——计划只是理想，再完美的计划也可能出于各种原因延误。这时候与其严厉地批评自己懒，不如先原谅自己。
这样不就是在放纵自己的错误吗？

小时候你有过上学迟到或者没写完作业的经历吗？
当然有，有次暑假只记得玩，一直没写暑假作业，最后怎么赶也赶不完。
上学的前一天晚上，我甚至想，如果能生病就好了，最好是重病，就可以不去学校了。
那如果是现在的你，你想怎么跟那天晚上的自己说？
我会告诉他，作业没写完也没关系，在学校认真学习就好。
你看，你也选择了原谅和理解自己。
我懂了，一直为已经发生的拖延骂自己，完全就是在内耗啊。
不过，既然目标总是很难完成，我这新年计划还有写的必要吗？

这就需要问你自己了：这个目标对你来说到底意味着什么？
是为了让自己获得成长，还是为了完成而完成，以免对自己失望？
当然是想要自我成长。
那就别想，先做，做计划里下一步甚至下一秒你本来该做的事情。
行动本身就可以培育信心。

在拖延的时间里，你在想什么呢？

是在为流逝的时间惋惜，在痛恨自己不争气，抑或是给拖延的自己寻找借口呢？

史铁生曾说过：“拖延最大的坏处不是耽误，而是会使自己变得忧郁，甚至丧失信心。”显然，在拖延与执行之间，在等待与行动之间，夹杂着的不仅是时间的沟壑，还有心灵的内耗。

下定决心——拖延——焦虑内耗——放弃，在一次次名为拖延的循环中，我们不禁疑惑，问题究竟出在了哪里？

有学者曾做过这样的研究，他将自己班级中 119 名学生作为被试，先测试他们的拖延与自我原谅程度，接着又对他们进行了两次考试。结果发现，那些倾向于原谅自己拖延的人，在后续的备考过程中，拖延的现象有所减少，而倾向于不会原谅自己的人则相反。

往事暗沉不可追，来日之路我们要自己决定方向。与其在一去不复返的时间中怀疑自我，不如相信原谅比埋怨来得更有力量。

心理专家这样说

毕业 3 年，我精神内耗到了崩溃边缘

精神内耗：一场和自己无声的内在战斗

主题介绍

当和别人发生冲突时，纠结把话说出口会发生什么；

当做出了一项选择后，担心另一个选项更好；

因为他人一个眼神、一句评价耿耿于怀……

我们在无尽的思绪中不断地自我肯定、自我否定，消耗掉的心理资源带我们走向名为精神内耗的旋涡。

一场自己和自己的无声战斗，拉开帷幕。

人物介绍

智超

硕士毕业后就进入了这家公司工作，已经三年了。工作能力很好，也是个善解人意、为他人着想的好同志，但有时候总是容易在一些不重要的事情上纠结过头，把自己和对方都搞得压力很大。

故事背景

这天下班后，智超像往常一样来到大叔店里吃晚饭。他又累又饿，非常疲惫，但是看着菜单，习惯型地犯起了选择恐惧症，还一不小心“得罪”了大叔。

今天吃什么呢？
还没想好吗？要不就牛肉面？
也行吧。
我做的招牌牛肉面很受欢迎哦！
啊！我不是这个意思！
你别紧张啊，我知道你不是说我。
我只是对我自己很失望，点个餐也这么纠结。
他是不是以为我对他不满？
怎么办怎么办？
我还要不要继续？
天呐好累啊，要不放弃吧？
我就是属于那种精神内耗很严重的人。

无论事情大小，都会思前想后，反复纠结。
明明还是个年轻人，却总是感到特别累。
每个人的精力都是有限的，你无时无刻不在纠结，自然会感到累。
我也不想这样，甚至特别厌恶这样的自己！
但这些想法就像水龙头里的水一样，不知道什么时候碰到点事儿，开关就被打开了，它们就自动流进我的脑子里。

也许，这些想法出现的关键，并不是事件本身，而是我们对事件的看法出了问题。
什么意思？
比如刚才你突然紧张起来，是为什么呢？
我以为我说错话了，让你误会我是在表达对你的不满，会不高兴。
这个想法是怎么出现的呢？
我也不知道，可能我很敏感。
当我听到你的上一句话，这个想法就自动出现在我脑子里。

①
你对自己的表达如此在意，那你一般是怎么说话的？比如，当你真的心有不满时？
我可能会一直纠结要不要说。
②
担心说出来会伤害别人，还会把气氛弄得很尴尬。
③
但是我总是把事情搞砸，还把自己整得特别心累。

1
也许转换一下认知，我们就没有那么纠结了。
怎么转换？
对于那些不经过严密思考和验证就得出的结论，心理学上称为“自动化思维”。
2
未严密思考
未验证的
自动化思维
但它们并不是凭空产生的，背后隐藏着我们不曾意识到的“核心信念”和“中间信念”。
核心信念
中间信念

什么是中间信念？什么又是核心信念？
对于核心信念，你可以简单理解为我们对自己、他人和整个世界的概括性认识，
而中间信念则介于核心信念和自动化思维之间，
中间信念
核心信念
自动化思维
是我们给自己制定的一些游戏规则。
现在，我们可以从头开始，看看你的这些内耗想法是从哪里流出来的了。
以及，这些信念和想法是否合理。

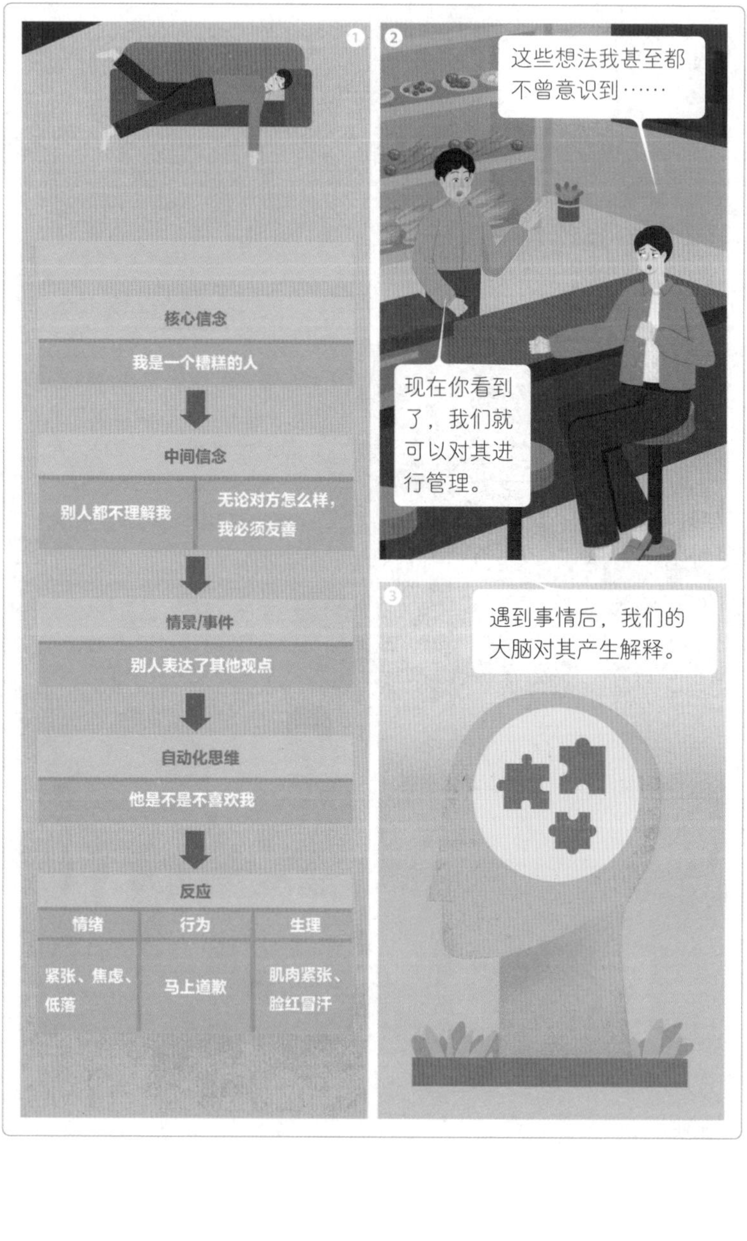
核心信念
我是一个糟糕的人
中间信念
别人都不理解我
无论对方怎么样，我必须友善
情景/事件
别人表达了其他观点
自动化思维
他是不是不喜欢我
反应
情绪
行为
生理
紧张、焦虑、低落
马上道歉
肌肉紧张、脸红冒汗
这些想法我甚至都不曾意识到……
现在你看到了，我们就可以对其进行管理。
遇到事情后，我们的大脑对其产生解释。

这是一个自动自发的过程，但我们可以对这个过程进行纠正和重建。
比如，在“他是不是不喜欢我”这个想法再次出现之后，我们可以对其提出质疑：
我能肯定他表达的就是这个意思吗？
不被他喜欢又如何？
被他喜欢又如何？

虽然脑子里还是充斥着各种问题，但方向不一样了！
认知重建不能直接避免自动化思维的产生，
但它可以避免我们将负面想法直接当成事实，反复陷在这些无意义的纠结之中，
而是进行有意义的自我探索。
这时候，问题的出现带来的就不再是内耗，而是成长！

很多时候，影响我们并不是事件本身，而是我们对事件的看法。在一些负面情绪或心理问题的产生过程中，“不合理的认知”往往是其中的影响因素之一，而认知行为治疗（Cognitive Behavior Therapy，CBT）则是通过纠正患者的认知，进而达到治疗目的的一种手段。

除了心理治疗，在日常生活中遇到负面事件，我们也可以利用简单的 CBT 来处理：

1. 觉察情绪

因为某件事，我产生了哪些负面情绪？一一列下情绪的名称，并写出对应的与该事件相关的原因。比如本期的主人公，他可能写下：

焦虑：说了错话，万一给大叔留下不好的印象怎么办？

低落：又一次说了错话办了错事，我真的没用。

紧张：可能要面对生气的大叔，他会不会骂我。

2. 回应情绪

理性地分析自己心里的这些想法，分清楚哪些是已经发生的事实，哪些是可以补救的，哪些只是自己的消极想法。

· 正视事实：说出去的话已成为事实，无法改变，但大叔并未表达对我的不满。

· 分析想法：在上一步的描述中，有一些是不符合事实的“推断”，把它们摘出来。比如对后果的担忧和对自己的否定。

· 着手解决：事实无法改变，但我可以通过解释和直接询问来解决问题，也可以通过原谅自己来处理情绪。

3. 转变认知

· 和别人一样，我也拥有表达自己观点的权力。

· 我不是其他人肚子里的蛔虫，我永远无法知道别人内心真实的想法，所以过度在意他人的看法是没用的。

· 别人的看法并不能代表全部的我，我还是很棒的。

· 不必太在意未发生的事情，着手处理才有可能解决。

再遇到负面情绪的时候，不妨试试上述方法，你会发现那些解决掉的问题也可以被叫作成长。

心理专家这样说

为什么你总是把天聊死？

如何提高共情能力？

主题介绍

当别人向你诉苦时，你觉得对方最想听到的是什么？是理性的建议还是情感的支持？

我们总以为，提供建议和解决方法是最有帮助的，但有时候，对情感支持的渴望才是第一位的——这就需要一定的共情能力了。

人物介绍

西西

大四学生，今年毕业论文开题不顺让她备受折磨。对于尚未进入社会的她来说，这就是她有史以来面临的最大的困难。

晓悦

西西的闺蜜，两人从小一起长大，十几年的友谊十分亲厚。晓悦比西西高一级，去年毕业后进入一家公司做文员，工作繁忙。

故事背景

因为彼此学业和工作都很繁忙，西西和晓悦这对老友已经很久没见了，这天，她们好不容易约到一起，谁知一言不合竟吵了起来，十几年的友谊，就这么走到尽头了吗？

我真是服了你，不会说话就闭嘴！
这有什么啊，你也别太矫情。
好了好了，怎么大早上火气就这么大？
什么叫我火气大？明明都是她逼的。
我们已经做了十几年的朋友了。

1
也曾无话不说，形影不离。
我跟你讲，我们班那个人……
不是吧，他没事吧。
2
可是，有些东西好像一去不复返了。
3
晓悦，你说这个论文怎么那么难写啊！我头都要想破了，好烦啊。
这有啥，谁不是这么过来的，等你工作了只会更烦。
4
……好吧，那不打扰你了。

①
我们越来越像一对礼貌又生疏的陌生人。
晓悦
18:30
我在地铁扶着栏杆，旁边这个人后背一直往上靠，压我手！
啊啊啊气死了！
无语了，好没素质！
19:10
你没直接跟他说吗？！
没有！
你应该直接说的，你自己又不吭声，在这生闷气，有啥用
②
……
我本来想着和晓悦好久没见了，出来吃个饭聊聊天，没想到她又气我。

我昨天去答辩，真的是被那些老师吓死，问题问得一个比一个难，尤其是……
还好吧，一般老师都不会太为难本科生的。而且你不是做了不少准备吗？
我一说话你就把我的嘴“堵上”，谁能受得了，你现在的共情能力怎么这么差！
可是我说的都是事实啊……
每次你和我倾诉的时候，我都会听完。
嗯嗯，你说。

但是这些事，又有什么好大惊小怪的呢？
爱吃的东西掉地上了
作业完不成了
收到了礼物好开心
被老妈骂了
世界上有千千万万的人，总会有人在经历比你更困难的处境。
生活的重担
家人的病逝
独自一人长大

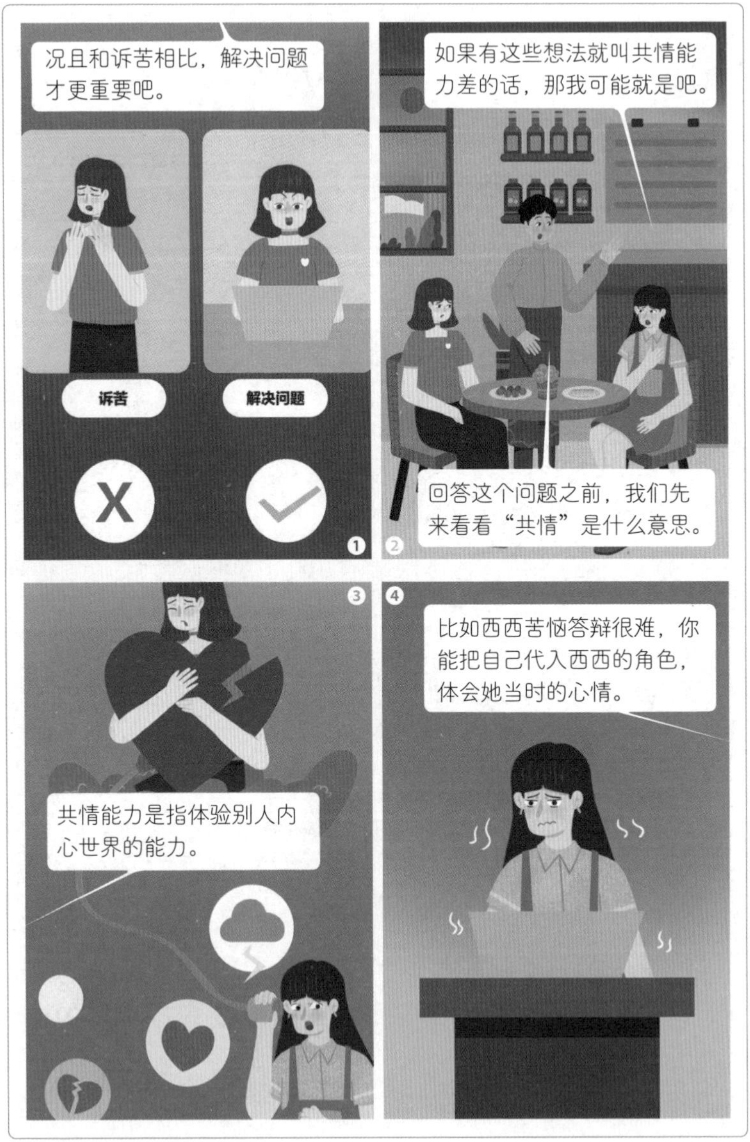
况且和诉苦相比，解决问题才更重要吧。
诉苦
解决问题
X
①
如果有这些想法就叫共情能力差的话，那我可能就是吧。
回答这个问题之前，我们先来看看“共情”是什么意思。
②
③
共情能力是指体验别人内心世界的能力。
④
比如西西苦恼答辩很难，你能把自己代入西西的角色，体会她当时的心情。

她才没有站在我的角度，完全根据自己的想法给我讲道理，这还不是共情能力差吗？
并不绝对。每个人对事情的理解方法是不同的，晓悦可能更习惯从自己的角度出发。
1
2
但朋友之间，更需要的是设身处地的共情，感受对方的情绪。
3
西西这件事，我们可以从这些步骤入手。
4
首先，倾听对方，这一点晓悦做得就很好。

先不要急着给出结论，可以利用一些开放式问题，引导对方表达。
①
老师都问什么问题啦？
那你是怎么回答的呢？
你觉得自己表现得怎么样？
然后呢？
②
③
在这个过程中，慢慢地理解对方的情绪。
担心
烦躁
焦虑
生气
④
接着，有针对性地回应这些情绪。
你已经很棒了，别怕。

老师就是吓唬你的。
我觉得你答得很好……
最后再回归理性，委婉地提出解决方法。
听起来好像也没那么困难。
慢慢来，共情能力是可以后天提高的。
当我们追寻共情能力的时候，我们也将被爱包裹。

在关系中，我们总是在寻求表达和被理解，有时却难免忽略自己的经验以外的其他因素。就像本期的晓悦和西西，她们都急于在话题中表达自己的想法，却忽略了共情能力低背后的原因。

1. 人生阶段错位

人处于不同的阶段，关注的课题也会随之变化。就像还在读书的西西向已经工作的晓悦诉说烦恼时，晓悦不自觉地就站在了“过来人”的角度而忽视了西西的苦恼，让西西觉得受到了冷落，自己的烦恼不被重视。

2. 解决问题角度不同

处理问题的方式和角度是因人而异的。偏感性的人更容易站在对方的角度去共情，偏理性的人更可能站在自己的角度去判断和处理事情，这二者并没有好坏之分。但在关系中，看到彼此的情绪，才能拉近彼此之间的距离。

3. 经历不同

与父母等长辈的相处方式、老师的教导模式、早期遇到的挫折和困难甚至阅读过的书籍，都会在成长中对我们的价值观的塑造起到作用，这可能导致双方换位思考的能力有所不同。

我们通常所说的“共情能力低”，也许没有心理障碍那么严重，在一般的工作学习中，影响也没有那么明显。但在关系中，共情能力是关系是否能长久发展的关键因素之一。在倾听他人时，少点从自我出发的建议及指导，多点设身处地的情感理解和支持，彼此的感受会好很多。

心理专家这样说

我好像没办法好好谈恋爱

回避型依恋者的内心纠葛

主题介绍

有的人虽然渴望拥有稳定的亲密关系，却又做不到敞开心扉，信任自己的伴侣。被分手后一边迷惑自己到底做错了什么，一边感叹真爱难寻。

如果你还渴望甜甜的恋爱，你就需要对亲密关系多懂一点儿。

人物介绍

大杨

一个条件不错的适婚男青年。眼看年龄越来越大，身边的同龄人都逐渐结婚甚至生子，大杨也在期待着属于自己的那个“她”。但这个寻找真爱的过程并不顺利，女朋友一个接一个地谈，却没有一个修成正果，甚至变成了名声狼藉的“渣男”。

故事背景

大杨又分手了，这次还是被分手，伤心的他来大叔这里借酒消愁，这已经是大杨失败的第 8 段恋爱。

明明非常期待甜甜的恋爱，大杨却总是失败，他真的能找到自己的真爱吗？

谈恋爱怎么这么辛苦啊？
怎么了？半个月前你还开心地跟我们分享，说终于“脱单”了。
1
已经分手了。
2
3
这……这是不是有点快？
4
我早知道会这样，唉！还不如不谈！
像我这样的人，是不是就不配得到完美的爱情？

两个人在一起没有什么配不配，只看是否相爱。
那我们的爱消失得太快了吧。
上学的时候，我一心好好学习。
大杨，我喜欢你。
啊？不好意思，我现在还不想谈恋爱。
其实也不是不心动，只是觉得，我这样普通的人，怎么可能有人喜欢呢？
工作以后，也不是没谈过，只是没一段能长久。

两个人还暧昧的时候，你侬我侬。
真正在一起以后，反而没了感觉。
情人节你想怎么过啊？
情人节是哪天？
2月14日。
那天我加班。
我们分手吧。
又怎么了？
消息已发出，但被对方拒收了。
都说爱情来得太快，就像龙卷风。
果然走的时候也会留下满地狼藉。
她说我是个渣男，天天冷暴力，我真的没有啊。
我相信你不是故意的，但是光看你在恋爱中的表现，的确是不对劲的。

可能追到以后跟追上之前的表现，确实有差距。
我也不知道为什么，追上以后，渐渐就感觉没意思了。
谈恋爱哪有打游戏有意思。
天天找我聊天，好烦啊！
当天你真的有加班吗？
就加了半个小时。我只是不太想过情人节。
觉得没什么好过的。

第一个情人节~
某人送的呢。
1
2
但当天看到朋友圈大家都在晒甜蜜，我又特别后悔。
明明我也是想要甜甜的恋爱的，真正开始以后，只觉得烦躁。
你说我是不是有毛病啊！
3
哪有那么多有毛病的人？
只是，我怀疑你可能是回避型依恋。
4
回避型依恋
回避型依恋？我不喜欢依赖别人啊。

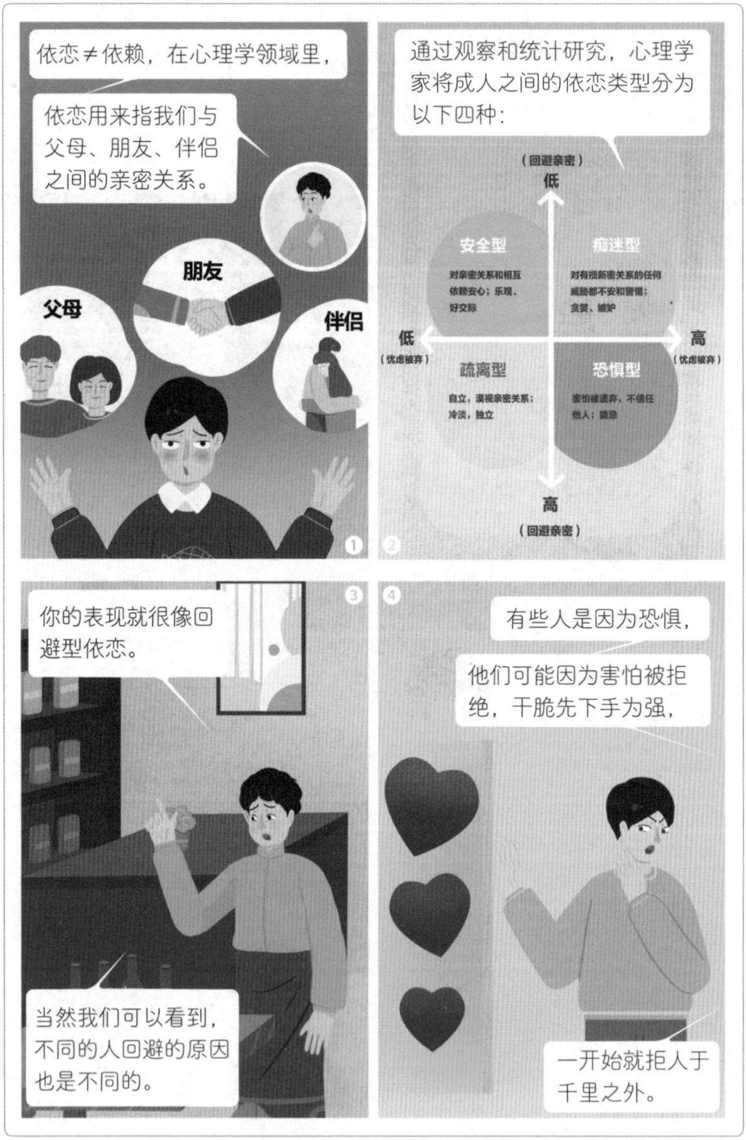

1
依恋≠依赖，在心理学领域里，
依恋用来指我们与父母、朋友、伴侣之间的亲密关系。
朋友
父母
伴侣
2
通过观察和统计研究，心理学家将成人之间的依恋类型分为以下四种：
（回避亲密）
低
安全型
对亲密关系和相互依赖安心；乐观、好交际
痴迷型
对有损新密关系的任何威胁都不安和警惕；贪婪、嫉妒
低
（忧虑被弃）
高
（忧虑被弃）
疏离型
自立，漠视亲密关系；冷淡，独立
恐惧型
害怕被遗弃，不信任他人；猜忌
高
（回避亲密）
3
你的表现就很像回避型依恋。
当然我们可以看到，不同的人回避的原因也是不同的。
4
有些人是因为恐惧，
他们可能因为害怕被拒绝，干脆先下手为强，
一开始就拒人于千里之外。

或者担心自己在亲密关系中成为“恋爱脑”，
干脆说自己是单身主义。
有些人则是“假独立”，他们相信自己能自力更生，觉得自己压根就不需要亲密关系。
那像我们这种回避型依恋的，是不是就不能好好谈恋爱了？
不要着急，依恋风格的形成往往来自我们过去的情感体验。

比如小时候，如果父母对我们的关注总是伴随着条件。
我们可能就会产生你大学时的想法。
“我这么普通的人，怎么会有人喜欢呢？”
或者
“她喜欢的只是现在这个戴着面具的我。”
但我们其实一直在成长，也会碰到新的人，体验到新的情感。
所以，依恋风格也是应该是流动的。
你的意思是，我可以逐渐变成安全型依恋吗？

当然可以。
我的建议是，勇敢开始，在恋爱中学习和成长。
然后你会发现，偶尔暴露自己的脆弱也没关系。
对方有缺点，也可以很可爱。
没想到你还是个情场高手！你一定谈过很多女朋友吧！
我只是比较懂心理学而已。

有这样一个群体，他们既渴望投入恋爱中，又会在爱情到来的那一刻控制不住地临阵脱逃。

“我是不是不配拥有爱”“他（她）怎么会喜欢我这样的人呢？”“我逃避，是因为控制不住自己”……这便是回避型依恋人的真实内心。

理智与现实不断地拷打着他们，在回避型依恋的背后，焦虑与内耗占领了心中的高地。本期漫画中的大杨就是这样的人，他总是因为对情感的不信任，索性草草离场。

一如漫画中所说，依恋风格的形成与过去的情感体验息息相关。心理学家爱利克·埃里克森曾将心理社会发展分为八个阶段，我们在每个阶段对亲密关系的需要都有所不同。比如我们在 1 岁半时，正经历着信任与不信任的危机，此时养育者需要通过与孩童的交往、回应、安抚来解决信任危机，否则孩童可能会产生焦虑和不安全的感受，而这种感受有很可能就暗含在孩子未来的心理发展中。

当然，回避型依恋的产生原因是多样的，上述只是千万种可能性之一。解铃还须系铃人，一段健康的感情也可以是治愈情感的开端。

心理专家这样说

第五部分

关系感淡得宜

如果我们的关系淡了，那就只能加点盐。

偶尔麻烦麻烦别人，也没关系

有爱的关系，是麻烦出来的

主题介绍

从小父母和老师就教育我们，“自己的事情自己做”“不要总是麻烦别人”。这些观念本是好意，有助于我们培养独立意识和解决问题的能力。但当我们确实需要外界的帮助时，它们也会在无形中阻碍我们向外界求助，甚至让我们对主动求助感到羞耻。

但这种主动把自己划成孤岛的想法，真的可取吗？

人物介绍

萌萌

幼儿园老师，平常工作认真细致，是小朋友们心中的温柔大姐姐，但最近不知道怎么了，工作的时候总是苦着一张脸，还经常丢三落四。

阿雅

萌萌的同事，也是萌萌的好朋友。阿雅是藏不住心事的人，总愿意把自己的想法与萌萌分享。

故事背景

最近，萌萌不太对劲，她虽然外表打扮没有什么变化，但眼神中透露出来的哀伤骗不了别人，阿雅一直想帮帮萌萌，但询问了多次，萌萌都只是说没什么。阿雅这天把萌萌约到店里，决定帮她把心结解开。

萌萌你最近是有什么事吗?
萌萌怎么了?
啊？没什么啊。
不！你不对劲！
为什么你会这么觉得呢?
原来的萌萌每天都是笑嘻嘻的。可你看看她现在，嘴角都耷拉着，整个人也没有精神。
以前
现在
你到底怎么了？连我们都不能说吗?

都是小事，我可以自己解决的。
那你就不会是现在这个状态了。
①
有些人会有一种特别害怕给别人添麻烦的心态，我猜，萌萌就属于这种。
出于各种原因，比如害怕暴露自己的脆弱。
②
③
或者害怕被拒绝。
他们知道了怎么办？
他们宁愿自己苦苦煎熬，也张不开口。
④
算了，我自己想办法吧。

但我们是朋友，不是吗？
能帮到朋友，我只会觉得开心，并不会觉得麻烦。
而且，能够开口说明自己的难处并主动求助的人，并不脆弱；
相反，这难道不是一种勇敢的表现吗？
?!? ? ?? !?
意味着你有勇气承认自己某方面的不足，并决定直面它、解决它。
前段时间，我母亲去世了……

其实已经过去快两个月了。
但我这个人可能就是比较脆弱……
还把情绪带到工作中。
老师，你又没给我发。
我好像什么都处理不好，无论是跟家人的关系，还是工作。
我什么都做不好。

我知道我应该努力改变，但又感觉努力了好像也没什么用。
算了吧，没用的。
你怎么不早点跟我说？
至少，我可以帮你分担一点工作上的事情。
情绪和工作都是我的事，咬咬牙也就过去了，怎么好扔给你呢？
而且，每次看到你的时候都是在学校里，你也很忙，我……我不知道该怎么开口。

如果你觉得在很多人面前不好意思开口或者担心打扰到别人，那可以在请求之前明确自己的需求以及需要占用别人多少时间，再去问对方有没有时间。
1
我能占用十分钟吗？我想，我现在非常需要你。
2
3
实际上，利他行为是人类进化出的一种天性。
4
互相帮助互惠互利才有利于群体的生存，大多数人还是很友好的。

帮助老人
即使是对陌生人，在时间能力允许的能况下，大家都很乐于提供帮助，不要低估了大家的帮助意愿。
丢失的小孩
援助的手
1
2
更何况，我是别人吗？也许我不能完全跟你感同身受，但只要你愿意聊，我就愿意听，时间管够。
我也不知道为什么，我从小就很怕麻烦别人。
3
那你被麻烦的时候怎么不说话？
那个同事天天蹭你车，还跟你不顺路，上次我还听到她背后说你的车便宜。
反正我回家也没事，不麻烦啦。
4
麻烦的界限很难划分清楚。现实中，我们每个人都有需要帮助的时候。

那这个时候要不要开口，向谁开口，其实可以换个角度来考虑。
麻烦
就是自己提的这个要求对于对方来说，是口头上客气的“麻烦”，还是真的“麻烦”。
我跟萌萌是好朋友，如果她愿意跟我倾诉，我不仅不会觉得麻烦，反而会觉得她是相信我，感觉彼此更亲密了。
反而是之前，我所有事情都会告诉你。
在你面前，我是坦诚的。

你却不愿意跟我分享心事。
①
②
甚至有时候我都会怀疑，
你真的拿我当朋友吗？
③
④
还是因为我一直拉着你
说话，你不好拒绝我？
对不起，我只是担
心麻烦你……
既然亲密，何来麻烦。

当遭遇困难时，明明知道只要开口向别人求助，也许处境就会改善很多。这时候，你是会选择立马求助，还是继续在困境中独自挣扎呢？每个人的选择都不一样。

马上求助，听上去好像很简单，但到了真正要开口的时候，才知道有多艰难：

他 / 她这会儿看上去好像很忙……

他 / 她会不会拒绝我呢？

他 / 她会不会笑话我？

他 / 她会不会觉得我很麻烦呀？

直到最后，你对自己说：没有人能真正理解我，帮助我，我还是自己撑过去吧……

很多人因为过于体贴不好意思麻烦别人，也因为极大地低估了其他人的帮助意愿，他们其实是不会主动求助的。于是，在求助这件事上，呈现出一个非常奇怪的现实：需要帮助的人因为不会主动求助难以获得支持，没有边界的人却总是麻烦别人，消耗着大家的善意。

当然，对于是否要麻烦别人一下，是否要提供一些举手之劳，只要不影响自己和他人的正常生活，都是个人选择。但如果你像故事中的萌萌一样，正处于艰难求助阶段，生活也一团糟，请别忘了，你还有亲密的朋友、家人、同事甚至心理医生、陌生人，你不必总是一个人面对，大家都等着被你“麻烦”一下呢。

心理专家这样说

社恐的你，需要这份生存指南

社恐人群该如何在“社牛”友好的社会生存？

主题介绍

只有社恐的人才会知道，在这个到处需要跟人打交道的社会中，生存下去到底有多艰难。为了让自己表现得合群、情商高，他们克服心理障碍，积极发散友好，结果有时候还是不尽如人意。

社恐人群该如何在“社牛”友好的社会中争取生存空间？

人物介绍

小葵

作为一个典型社恐，她内向、羞怯、不善言辞、畏惧社交，曾因病修养一年，长久的独自居家生活让她的社交技能进一步退化。怎样认识新朋友、怎样发起话题、怎样表达自己……当重返职场，面对各种社交场景，她常常感到心有余而力不足。

故事背景

经过努力，小葵找到了一份新工作。刚重返职场，小葵对自己的新工作充满期待，想融入公司环境，跟同事们打好关系，但社恐的她好像根本做不到。在同事们一次次的“孤立”和“冷落”之下，小葵崩溃了。

这么晚 还在外面啊?
没有啦，跟同事聚餐，欢迎我入职。
跟同事聚餐不开心吗?你看上去有点低落。
我感觉大家好像不太喜欢我。
是什么让你有这样的感觉呢?

我总是笨手笨脚，大家一定觉得我特别粗心。
对不起，对不起！
我也不会讲话，每次我一加入聊天，气氛很快就会尴尬起来。
还有今晚，明明是为我发起的聚餐，我却仿佛是个局外人。

以后还是少参加聚餐吧。
没有我大家可能玩得更开心。
那你有问过同事们对你的想法吗？
我不用问就知道！
刚才回家的路上，我给每个同事都发了晚上注意安全的提醒，却没有一个人回复我！
小美 下午22:25 小美晚上回家注意安全哦~
笑笑 下午22:23 笑笑到家记得说一声哦
军哥 下午22:22 军哥没喝多吧？
李总 下午22:20
订阅号消息 下午22:19 公众号推送
文件传输助手 下午22:15
先别急着下结论，我们聊聊别的。

你觉得自己在其他人心中的形象是怎样的呢？嗯，比如我。
一定很糟糕吧，一点小事都斤斤计较，还很没用，碰到事情总是哭。
不是哦，你说我最喜欢的食客之一。虽然每次都是一个人来吃饭，却会点很多。
吃饭的时候也非常专注，这是对身为厨师的我最大的认可。

不是，我只是比较能吃……
先别急着否认，我只是想告诉你，你以为的别人眼中的你，跟真正的别人眼中的你，很可能并不一样。
在评价自己的时候，你把自己放得太低了，要对自己温柔一点啊。
可是我真的很害怕跟别人打交道。
上班的第一天，
别害怕！你一定能克服的！
1
2

却发现自己根本做不到……
来认识下，这是XXX。
突然不敢伸手了。
汇报工作时，脑中一片空白。
为什么我就不能像别人一样落落大方呢？
每个人的社交方式都是不同的，不同的成长经历会塑造出不同的行为模式。
我确实从小就比较内向。
小时候，我就是家长口中那个“嘴笨”的孩子。

我们家小葵
也太内向了。
也没什么特别成功的交友经历。
难道内向的人不配拥有
正常的社交生活吗？
你是社恐而非内向，内
向和社恐还是有区别的。
内向的人只是不想社交。

而社恐的人内心其实还是很希望与他人社交的，
甚至对社交结果抱有高期待，
只是非常担心自己社交能力不足，害怕自己会出丑或尴尬。
这种高期待并不完全是坏事，它可以激励我们打起精神，为即将到来的这场“社交表演”好好准备。
但这种过高期待也在无形中给我们巨大的压力——
我的普通话是不是有口音？
让我们过分紧张表现失误，或者总将注意力放在无关紧要的事情上。

其实在重要场合紧张是很正常的，
我的建议是，不要害怕尴尬，多练习，等各种尴尬情境都经历过，
有了处理经验，你会发现，它也就那么回事。
确定不是脸皮变厚了吗？
哈哈，我们还可以从更简单的方法开始。
渐进式放松训练
让身体的肌肉先熟悉紧张和放松的感觉；

1
找到你头顶的肌肉，让它紧张起来并保持5~7 秒；
再缓慢地彻底放松，
依次是眼睛、鼻子、嘴巴、
脖子、胸腔、胳膊、
手指、大腿、脚趾。
社交焦虑的时候，这个办法至少可以让我们重新找到对身体的知觉，不会总感觉手足无措。
原来从紧张到松弛就是这种感觉啊。
2
3
刚在开车没看手机，我已经到家啦，小葵也要注意安全哦。
可能是我太敏感了。

确切地说，是对可能存在的“拒绝”非常敏感。
或许你没有发现，除了自我评价过低，你对外界的评价也是偏负面的。
1
同事只是晚回消息，你却已经提前给对方打上“不友善”的标签；
2
3
我并没有觉得同事不友善，我只是……算了，可能我的真实想法就是这样。
4
你只是内心深处根植着一个自己也不曾意识到的信念：自己是不受欢迎的。

所以你会“预判”对方的拒绝，甚至为了避免被拒绝而回避社交。
我到家了，谢谢啦。
我到家啦，你也注意安全。
你也注意安全哦。
嗯嗯，我到家啦。
但是你看，人与人之间，善意还是比拒绝多的。
下雨了，快回家吧。

关于“社恐”，其实我们存在诸多误解。

作为焦虑障碍的一类，病理性的社恐（社交恐惧症）主要表现为在社交场合感到持续紧张和强烈的恐惧，并极力回避社交相关情境，是严重影响患者社会功能和生活质量的精神障碍；而大众一般意义上所指的“社恐”，大多没有这么严重。

此外，很多人还会把内向与社恐混为一谈，就如故事中的小葵，她的社恐来自不自信，社恐背后是自我评价过低和社交预期过高。还有些时候，我们本身并非社恐，而是被迫成为社恐。日复一日的工作和浅薄稀疏的人际关系使我们陷入了一种“社交无力”的状态，想走但走不出去，想社交但没有精力社交。

我是社恐，那我要怎么办呢？

怎么做取决于我们对社交这件事本身的态度和现实需要。除了病理性的社交恐惧，在不影响生活和个人发展的情况下，不逃离社恐也未尝不可，通过主动减少社交，我们可以在人际关系中守住自己的边界，防止能量过多地消耗。内心的平衡和自洽其实比社恐的标签更为重要。

心理专家这样说

出轨，暴力，欺骗……为什么她们就是不分手？

如何结束一段错误的关系？

主题介绍

正如情歌中唱的那样，“相爱没有那么容易”，分手也没有那么简单。当曾经深爱的伴侣反复出轨、家暴、欺骗……分手痛彻心扉，不分手也痛苦。犹豫纠结中，自己不知不觉就变成了可怜又可恨的“恋爱脑”。

怎样才能真正安全地结束一段糟糕的关系？

人物介绍

佳佳

温柔美丽善解人意，在恋爱上却总是犯傻，朋友眼中典型的“恋爱脑”。谈过好几段恋爱，每一段恋爱都全情投入，难舍难分，却总是遇人不淑。

阿英

坚定的独身主义者，佳佳的朋友。在佳佳和自己母亲身上看多了她们为感情所受的苦，对“恋爱脑”的朋友恨铁不成钢。

故事背景

佳佳的男朋友反复出轨，两人分分合合，纠缠多年。上个月，佳佳根据蛛丝马迹，又一次在男朋友的手机里发现了他出轨的证据，一怒之下分手了。男朋友也再次回头求复合，这次，佳佳还会继续原谅他吗？这段关系还会继续下去吗？

作为佳佳的好朋友，阿英比我们更加关心。

他最近是不是又来找你复合了？
上次的事情是个误会……
他都把你害成这样了，你怎么还不长记性！
怎么了？
她这个“恋爱脑”，真的气死我了！
我也知道他不好，但是他一来求我，我就狠不下心分手。
我从来没想到，我身边就有这样的“恋爱脑”。
以前佳佳多自信啊，现在总是患得患失。

都是我的错，你别离开我。
1
2
甚至当发现男朋友出轨，她都没有勇气上去质问。
3
朋友怎么劝说都没用。
4
男朋友反复出轨，她伤心地跟我们哭诉。

结果对方一认错，就和好了。
我就知道你最爱的还是我！
明明这段感情让她遍体鳞伤，却怎么都不愿离开。
你看看你现在变成了什么样子！
我真的不知道，你为什么还不分手！
出轨对于另一方的伤害是毋庸置疑的。
佳佳愿意继续这段关系，也许有她自己的理由。
我知道他不好，但是每次他一来求我，我就心软了。
佳佳你可以跟我们复述一下当时的情景吗？

每次求复合的时候，
他都特别真诚。
佳佳我错了
试过之后我才知道
最爱我的人是你
我不能离开你
甚至不惜伤害自己。
佳佳我好想你，
想到根本睡不着。
你不原谅我就不离开，
我就在你家门口。

这都是骗你的花言巧语！
可是他说他离不开我……
也许，这段感情中，最吸引你的是这种被需要感？
我们也很需要你啊！
这不一样！
离开了我，你还有很多朋友。
我爸妈也是，我对他们来说并没有那么重要。
大哥才是他们心目中最重要的孩子！

但是阿伟他不一样，他只有我了。
你怎么跟我妈一样，怎么劝都不听。
要不是你们一个是我朋友，一个是我亲妈，我真的想像网友一样——放下助人情结，尊重他人命运！
1
2
所以你沉迷于这场“出轨—求复合”的情感游戏。
当他在你面前求复合的时候，也是你对他最重要的时候。
那你知道你们之间的关系是不健康的吗？
我知道，每次发现他出轨，我也很痛苦。
但就像吸烟的人明知道吸烟有害健康，
依然无法戒掉一样，我也很难让自己真正结束这段关系。
3

有时候我真的难以理解你们这些“恋爱脑”!
我妈也是，我爸喝完酒以后就打她。
酒醒之后跪下来掉两滴眼泪，她就心软了。
每次难过的时候跟我哭诉，说要离婚。结果这么多年了，还是这样子。
阻止我们离开一段有害的亲密关系的原因有很多:
害怕孤独、自卑、恐惧改变、心理需求、孩子甚至经济问题等。

但每段有害的亲密关系都有一个共同点，那就是会使我们越来越糟糕。
所以，哪怕很难，当我们明确地意识到，这段关系是在消耗自己，
而不是在使我们双方变得更好，就说明该结束了。
1
2
深陷其中的关系，真的能结束吗？
当然，研究发现，当遭遇亲密关系暴力时，
只有33%的女性会继续留在这段虐恋关系中。
33%

只是，离开这样一段关系确实很艰难，整个过程非常矛盾反复，迂回曲折。
据调查，平均需要 7 次反复，她们才做到真正离开。
某种程度上，这是一场自我的拉锯战。
1
VS
2
但是我妈这都几十年了。
对于自卑的、害怕被抛弃的、经历过心理和情感虐待的女性，

她们往往更容易被占有欲和控制欲强的男性所吸引，也更容易被精神打压。
从不健康关系中脱离的难度也更高。
那该怎么办呢？
这取决于他（她）们选择留下的主要原因是什么。

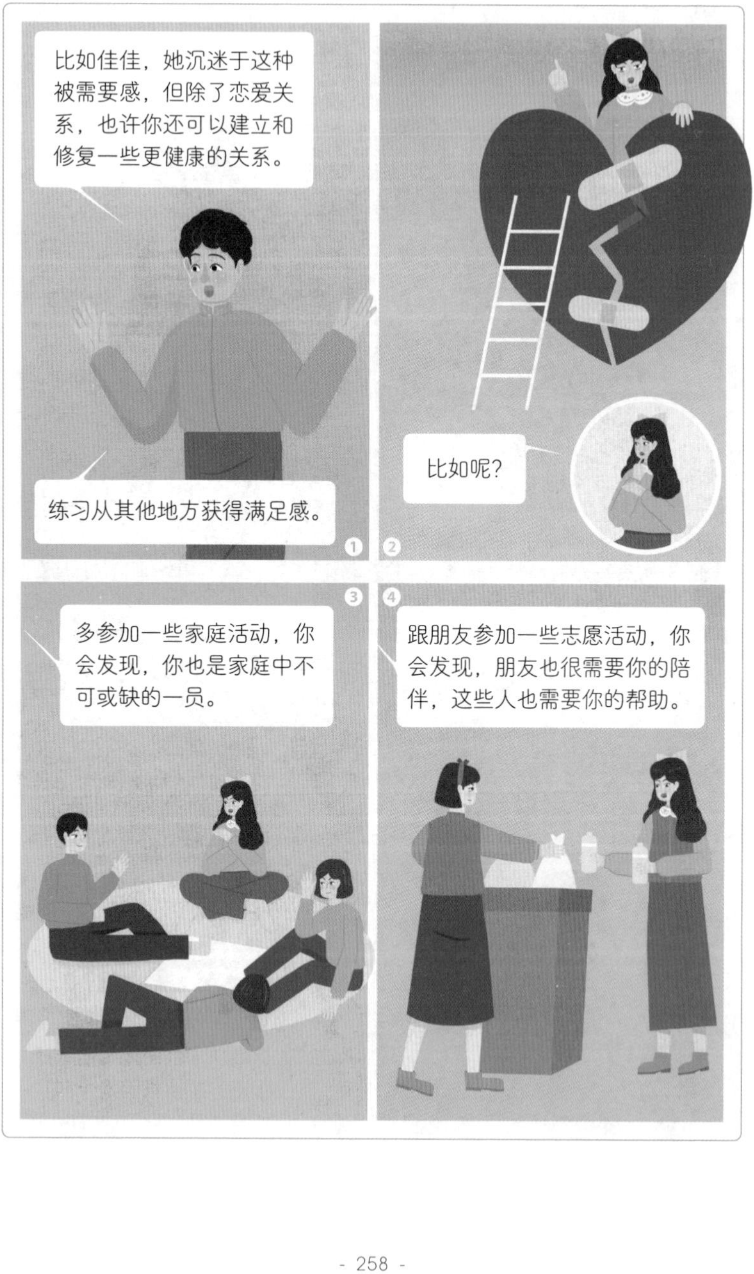
比如佳佳，她沉迷于这种被需要感，但除了恋爱关系，也许你还可以建立和修复一些更健康的关系。
练习从其他地方获得满足感。
比如呢？
多参加一些家庭活动，你会发现，你也是家庭中不可或缺的一员。
跟朋友参加一些志愿活动，你会发现，朋友也很需要你的陪伴，这些人也需要你的帮助。

我们的爱很珍贵，一定要
付出在懂得珍惜的人身上。
1
2

“尊重祝福并嘲笑”“发出来不分就当秀恩爱”……

每每看到有人深受情感关系的折磨，将自己的“悲惨”经历分享到互联网上，纠结半晌，最终难以决定是否继续这段糟糕的关系，我也会忍不住地对此嗤之以鼻——“分手”真的就那么难吗？斩断一段糟糕的关系难道不是件好事吗？

我们常说“当局者迷，旁观者清”，位于事件之外的旁观者往往只需要考虑利害关系，而位于事件旋涡的当局者羁绊则更多：孤独、恐惧、纠结、经济问题、外界看法……他们看似只处于关系的纠葛中，实际却是在心理与社会关系的内忧外患中反复拉扯。

分手还是不分手？这个问题本身就没有标准答案，我们也无法用简单的好或坏去判断一段情感。情起或情落无非我们给予对方爱或收回了爱。无论爱谁，无论把爱放在何地，都请别忘记把最特殊的那份爱留给自己，只有自己才是自己的终身守护者。

心理专家这样说

当我们在人际关系中处于弱势时

讨好型人格如何修正社交模式?

主题介绍

我们都想要在交往中获得他人的认可和喜欢：我们时时小心，话出口之前恨不得在脑海里转三圈，生怕哪里冒犯到别人；我们处处留意，不管别人要求什么都不敢拒绝，总觉得拒绝会造成一些不可挽回的严重后果。结果，我们在人际关系中越来越卑微，事情好像也并没有因此就往好的方向发展。

到底哪里出问题了呢?

人物介绍

默默

一位典型的讨好型人格女孩，像她的名字一样，她很少主动提出自己的诉求，却总是默默无闻地应承着大家的需求。

于是，在父母那里，她是乖巧听话的女儿；在男朋友那里，她是随叫随到温柔体贴的女朋友；在朋友那里，她是什么都会帮助承担的靠谱伙伴。

故事背景

这天，是默默男朋友的生日，俩人之前便商量好，在大叔这里一起过生日。于是，默默提前点好了男朋友喜欢的菜品，准备了蛋糕，当晚男朋友却没有赴约。默默非常委屈，却不知道应该继续宽容，还是责怪男朋友。

怎么还不
来啊……
你到了吗？我在靠窗的位置。
我没法过去了。
不是说好，要我
陪你过生日吗？
对不起啊，同事搞了个
惊喜生日活动，我不好
拒绝……你会理解我
的吧？
嗯，我先挂了！
要不你打车过来？就是
他们都不认识你……
那我不去了。你们好
好玩！

请你吃蛋糕。
你怎么不告诉他，你这边生日蛋糕和晚餐都准备好了？
我不想他为难。
那你就不觉得委屈吗？
当然，可是……我就是说不出口。
每段关系里，我好像都是那个被使唤的人。
默默，去商店买包盐！
还有好多作业呢。
马上去！
默默，记得帮我打饭啊。
还有我的哦！
你们没给我饭卡……

先刷你的吧，下回你再刷回来。
①
②
我就说高跟鞋好看吧，买这双！
③
唉！
④
你总是在关系中，把自己放在一个相对弱势的地位。
我知道不该这样……

一段健康长久的关系，双方应当是平等且互相尊重的。
虽然现实情况往往非常复杂，不平等现象其实很常见。
比如在亲子关系中，一般我们认为父母管教孩子天经地义。
大多数情况下，父母比孩子拥有更多的权力，因此在关系中处于强势地位。
还有职场中，领导往往掌握着对员工的“生杀大权”。
对于领导的不合理要求，员工通常很难拒绝。

甚至许多人虽然赞同平等的理念，表现出来的却依然是不平等的人际关系。
那我们该怎么做呢？尤其是像我这样，完全不会拒绝的。
我们可以先看看今晚的事。因为担心男友为难，你一再妥协。
他的生日，我不想他不开心……
在你的世界里，男朋友的需求优先于你自己的。
不止是男朋友，父母、朋友、同事、领导……甚至一个陌生人，你都把他们排在自己前面。

现在看看，你还能找到自己吗？
总是为了讨好别人而忽视自己，自我就真的消失了。
也许你内心有很多想法，只是你把自己的嘴捂住了。
现在，我们就要重新学会开口表达。
每次觉得委屈的时候，你也想过该怎么为自己争取吧，那为什么最终没说出口呢？
有时候是觉得不好意思，或者对方强势一点，我就不敢了。
还有些时候，话被挡回来：
你太敏感了吧？
你怎么这么斤斤计较？
周围人也跟着附和，我就没有坚持！

那这种时候你都是什么感觉呢？
就像被剥光衣服站在大街上，
①
生怕被别人看到，愤怒、烦恼、尴尬、恐惧、羞耻交织……
②
但是权力不等于正义和正确，即使处于弱势，你背后也有支持你的社会规范。
比如男朋友突然爽约，就是他不对。
③
④
也不要随便允许别人打断你说话。你的发言比他们胡搅蛮缠更有道理。
最后，不要陷入思维误区，以为其他人比你更能掌握局势。

关系中的权力建立在对有价值资源的控制之上。每个人都有自己能打的牌。
比如我情绪稳定，善于倾听，能给身边人提供很高的情绪价值。
是的。
当然，展现权力和优势的形式不止一种，文明的人是懂得自我克制的。
不平等的关系里，也可以展现爱与尊重。

相处中，我们总希望彼此是平等且互相尊重的，然而真正平等的关系很少，总有一方会掌握更多权力。有时候，这种权力来自天然的身份地位，比如父母与子女、领导与员工，有一些却来自另一方的主动让渡。

当处于关系中的弱势方时，也许你也在心中愤愤不平过："为什么总是我在妥协？凭什么！"但研究发现，在亲密关系中，投入较少的伴侣通常拥有更多的权力，这听上去很没有道理，却是事实。当你总想一味通过对对方好，一厢情愿地付出来讨好对方时，你便主动把权柄递到了对方手里。

严格来讲，讨好型人格并不是一种人格障碍，但这是一种不健康的行为模式，讨好型人格的人总会存在社交问题，也容易在亲密关系中受伤。讨好型人格的成因复杂，但无论是何种原因，在察觉到自己内心不情愿的时候，哪怕是一丁点，妥协之前请先停一停，把被淹没的那个真实的自我拉到面前，让他讲一讲自己的感受，然后灵活地复述出来，多加练习，你会发现，开口说"不"也没有那么难，也不会造成多么糟糕的后果。

心理专家这样说

男朋友治好了我的抑郁症

不要封锁你的心，留一扇窗给爱你的人吧

主题介绍

当身边有人抑郁低落时，我们会特别想帮助他 / 她。对于抑郁症患者来说，他们也特别需要社会支持。但真正面对他们时，很多人又会手足无措。

怎样才能真正帮到他们？他们又需要哪些社会支持？

人物介绍

晴晴

一名抑郁症患者，接受了专业的治疗，治疗效果不错，目前处于康复期。原生家庭的阴影、童年期被霸凌的创伤都没有真正打倒她。

故事背景

这天，晴晴和男朋友来大叔店里，庆祝自己“停药”，这意味她终于能够从抑郁症中真正走出来了。晴晴是怎样康复的呢？在店里，晴晴跟大叔分享了自己的康复过程。

大叔，好久不见。
今天心情很好哦！
是的！今天去复诊，医生说我可以停药了！
因为经历过父母离异和校园霸凌，晴晴一直敏感脆弱。
爸爸妈妈，你们不要丢下我……
校园霸凌
直到两年前被确诊为重度抑郁障碍。

恭喜你啊，终于要好了。
幸亏有他的陪伴，我才能真正走出来！
我们是在旅行途中遇见的。
因为抑郁症，当时我完全没法工作，干脆辞职出去散心。
刚在一起那会，我吃药才 3 个月，病情基本得到控制。
但有时候还是会突然情绪低落，脾气也不受控制。
你走开！我不想看见你！

在他的追问下，我向他坦诚了自己的病情。
对不起，我们分手吧，是我配不上你。
1
2
他却夸我坚强，告诉我没关系。
你居然一个人撑了这么久，真的好棒。之前一定很辛苦吧，以后我陪你一起。
3
抑郁发作的时候，我也会忍不住怀疑。
他是不是出于同情？
我无理取闹的时候，他会嫌弃我吗？
他会不会忍受不了离开我？
4
我好累，我也想努力一点。

但悲伤就像海浪，一次又一次向我袭来。
每次我刚把头探出海面，就会又有一波打过来。
我迟早会倒下去的。
你不会的，因为我会抱住你。
他会主动学习抑郁症的相关知识。
这个公众号的内容很专业，你关注一下。

动一动是不是精神多了？
在他的监督下，我复诊、吃药都规律了起来。
这周的药我帮你装好了，你记得按时吃。
精神科
进去吧，医生在等着你。
他会陪我听中岛美嘉的《我也曾经想过一了百了》。
在我哭得话都说不出来的时候，他默默给我递纸巾。
还会在我被噩梦惊醒时轻拍我的后背。
我的悲伤，因为有他的分担，仿佛真的被稀释了。

如果没有他，我不敢想象抑郁发作的时候该怎么度过。
从抑郁症走向康复的这条路上，除了医生和药物，周围人的支持也非常重要。
比如父母、伴侣、老师、朋友等。
晴晴你很幸运，遇到了能给你支持的男朋友。
不仅是我，你自己也很努力啊，一直在争取跟外界保持联系。

1
许多研究发现，抑郁症的根源之一是患者缺乏必要的社会支持。
例如跟家庭、社会生活失去联系。
经常感到孤独和空虚，甚至忘记曾经感受过的爱和温情。
2
而康复的过程在一定程度上便是重新唤起患者感受生活和爱意的能力。
再难熬的时候，也别忘了还有人爱着你。

这个人可以是远方的朋友。
好烦啊，这是今年第 30 次哭泣。
马上新年啦，新的一年会有新的开始。
可以是不善言辞的父母。
医生，你怎么说我们就怎么做，我们一定配合。
精神科
甚至可以是生病的自己。
你也像我一样孤单吗？那我以后多来找你玩。
不要把自己封锁在黑暗里，多走一步，你就会看到爱意在流动。

罹患心理疾病的人们总有着这样的误解：认为周围的人都会戴着有色眼镜看自己，所有人对自己都避之不及。这种观点是经不起推敲的，因为爱你的人是不会抛弃你的。

我曾在某社交平台上看到一位女生分享自己心理疾病发作时的感受：“我蹲在卫生间的马桶前无法站立，天花板在旋转，仿佛要向我砸来，地上的瓷砖也开始扭曲变形，幻化成一个个恐怖的鬼脸，几欲将我吞噬……绝望中，好像有人在呼喊我的名字，接着一双手握住了我颤抖的手，稳住了我仓惶的心，我渐渐平静下来。”

这是她惊恐发作时的真实感受，那双及时出现的手正是来自她的家人。

在心理治疗中，社会支持是至关重要的，在医生和咨询师无法直接触及的地方，亲朋好友的支持便显得尤为重要——他们愿意为你付出努力，帮助你，只是有的时候你需要先走出那一小步。

心理专家这样说

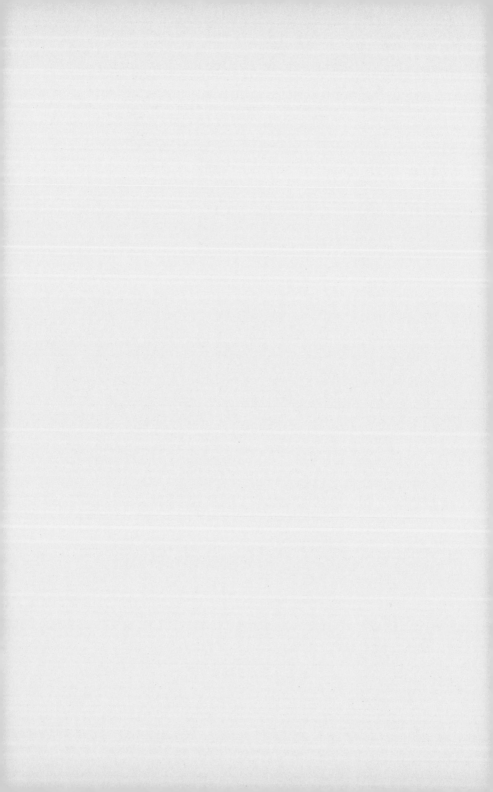